# 深圳市
# 生态环境管理
# 知识问答

Q&A of Shenzhen
Ecological Environment Management

毛庆国　等 / 编著

中国环境出版集团・北京

图书在版编目（CIP）数据

深圳市生态环境管理知识问答/毛庆国等编著. —北京：中国环境出版集团，2023.8
ISBN 978-7-5111-5566-5

Ⅰ. ①深… Ⅱ. ①毛… Ⅲ. ①生态环境—环境管理—基本知识—问题解答 Ⅳ. ①X32-44

中国国家版本馆 CIP 数据核字（2023）第 135037 号

出 版 人 武德凯
责任编辑 范云平
封面设计 彭 杉
插画创作 洪晓红

出版发行 中国环境出版集团
（100062 北京市东城区广渠门内大街 16 号）
网 址：http://www.cesp.com.cn
电子邮箱：bjgl@cesp.com.cn
联系电话：010-67112765（编辑管理部）
发行热线：010-67125803，010-67113405（传真）
印 刷 北京鑫益晖印刷有限公司
经 销 各地新华书店
版 次 2023 年 8 月第 1 版
印 次 2023 年 8 月第 1 次印刷
开 本 787×960 1/16
印 张 21.5
字 数 240 千字
定 价 75.00 元

# 编撰委员会

EDITORIAL BOARD

# 前言

PREFACE

生态环境保护离不开公众的理解、支持和参与，生态环境科普是沟通政府、媒体和公众的重要桥梁。通过及时有效的科普，让公众了解污染的原因、后果和治理措施、治理成效，以及生态环保的未来方向，引导公众科学认识和理性对待身边的生态环境问题，并通过掌握一定的知识和技能，积极参与生态环境保护，形成良好的舆论氛围和社会合力，能够有效防范和化解生态环境问题带来的社会风险，维护社会稳定和经济可持续发展。

本书是广大公众了解生态环境领域相关知识的科普读物，在向公众宣传普及生态环境知识的同时，展示了深圳市的生态环境保护状况与成效。全书共十篇，涵盖基础知识、环境管理、各类生态环境要素和生态环境新热点，主要依照生态环境领域本身的知识结构、层次进行划分。每篇从基本概念、理论理念、工艺技术、管理措施、深圳市情况等几个层次进行设问，逐一解答，深入浅出，突出重点和难点。通过阅读本书，公众可以了解什么是可持续发展，什么是低碳经济，细颗粒物（$PM_{2.5}$）有哪些危害，为什么要进行垃圾分类，如何保护湿地生态环境，如何降低汽车尾气的污染物排放等知识。本书也可以作为生态环境领域从业人员在工作中的参考资料。

本书由深圳市生态环境智能管控中心宣传教育部与深圳市环境科学学会合作编撰。深圳市生态环境局各部门为本书提供了大量资源、信息、数据、图片和宝贵的意见，生态环境领域的许多资深专家对本书提出了很好的专业建议，在此对他们表示衷心的感谢。

本书相关资料截至 2022 年 12 月。限于写作时间和编者水平，恳请广大读者对本书的不足和疏漏之处不吝指正。

本书编委会

2023 年 8 月

# 目录

CONTENTS

第一篇

**基础知识**

第二篇

**环境管理**

第五篇
**大气环境治理**

第六篇
## 土壤污染治理

第九篇

**应对气候变化**

## 第十篇 **生态环境新热点**

# 第一篇

# 基础知识

## 1. 什么是生态文明？

生态文明是人类为保护和建设美好生态环境所取得的物质成就、精神成就和制度成就的总和。它是人与自然、环境与经济、人与社会和谐相处的一种社会形态。它既是对传统发展模式的深刻反思和升华，又是对未来可持续发展的美好向往和憧憬。生态文明不是不发展、不搞工业文明，放弃对物质生活的追求，回归原生态生产生活方式，而是在吸收和学习全部人类文明特别是工业文明成果的基础上，为全面解决经济社会发展和资源环境问题提供了新的指导思想和实践导向，开辟了无限广阔的发展空间。

生态文明建设，是关系中华民族永续发展的根本大计。2021年4月30日，习近平总书记在主持十九届中共中央政治局第二十九次集体学习时指出：生态文明是人民群众共同参与共同建设共同享有的事业，要把建设美丽中国转化为全体人民自觉行动。每个人都是生态环境的保护者、建设者、受益者，没有哪个人是旁观者、局外人、批评家，谁也不能只说不做、置身事外。要增强全民节约意识、环保意识、生态意识，培育生态道德和行为准则，开展全民绿色行动，动员全社会都以实际行动减少能源资源消耗和污染排放，为生态环境保护作出贡献。

## 2. 什么是生态系统？

生态系统由一定空间内所有生物体和它们相互作用的物理环境组成，这些生物和非生物成分通过营养循环和能量流联系在一起，并在一定时期内处于相对稳定的动态平衡状态。能量通过光合作用进入系统，由系统中的生产者（如植物、光合细菌等）吸收并逐步转化为各类有机质，通过系统中消费者（如各种动物）构成的食物链进行传递，在此过程中部分有机质矿化为二氧化碳和水，能量也逐渐散失，最后，分解者（如细菌、

图 1-1　生态系统

真菌等）通过分解死亡的有机体，将其逐步转化为可以被生产者或消费者重新利用的组分。生态系统有大有小，相互交织。生态系统在受到外界干扰时具有一定的自我调节能力，但当干扰超过一定限度（生态阈值）时，生态系统就会失去稳定性，并最终趋向另一个平衡状态，但这可能严重改变该系统中生物的生存状态。

## 3. 什么是环境风险？

环境风险是指人类行为导致人体健康恶化、生态系统破坏或社会经济发展受损的概率。环境风险一般分为三类：①地震、火山、洪水和台风等自然灾害可能造成的化学或物理危害；②有毒有害化学品在生产、运输、使用和最终进入环境的整个过程中可能造成的健康或生态危害；③生产和建设过程中可能造成的健康或生态危害。环境风险本质上是一个事件发生的概率和产生后果严重性的乘积。因此，要计算环境风险，首先要分析事件发生的概率，可以采用经验法、故障树分析法等计算；其次要量化后果的危害程度，可以采用社会经济损失、非致癌效应、致癌效应、个体死亡、群落数量变化、生态系统功能变化等衡量。

## 4. 什么是环境污染?

一定时空条件下导致环境风险超过可接受水平的人为或自然环境变化，就会导致环境污染。在大多数情况下，环境污染是由污染物引起的，污染物可分为三种类型：气态、液态和固态。当一种物质的浓度超过自然丰度并导致过高的环境风险，它就成为污染物。有些污染物在自然条件下可以降解或者通过迁移转化使浓度恢复到正常水平，但有些污染的恢复周期过长，就需要人为干预，进行污染治理。除了常见的气态、液态、固态污染物外，在人类生活环境中还存在噪声、光、辐射等污染类型，它们也是由环境变化引发过高的环境风险而产生的。

图 1-2 大气污染

## 5. 什么是生态破坏?

生态系统由一个地区的生物和环境组成，是一个微妙的平衡系统，如湿地、雨林、红树林和珊瑚礁等。人类的各种过度生产活动威胁到这种平衡，使得生物的生存条件发生恶化的现象，就是生态破坏。与环境污染相比，生态破坏的影响通常是缓慢的、长期的、不容易被观察到的，但一旦发生往往是极难恢复甚至是不可逆的。生态破坏主要表现为水土流失、土地荒漠化、草地退化、森林资源危机、水资源短缺、生物多样性减少等。全球变暖是目前全球最严重的生态破坏之一，会导致气温、海平面和海洋酸度升高。

## 6. 什么是环境保护?

环境保护是人类为解决现实或潜在的环境问题、协调人与环境的关系、保护人类生存环境、保障经济社会可持续发展而采取的各种行动的总称。环境保护的主要内容包括保护和改善环境，预防和控制污染及其他公害，其目的是保护公众健康，促进生态文明建设，推动经济社会可持续发展。环境保护包括采取行政、法律、经济、科技等措施，合理利用自然资源，防止环境污染和破坏，以维护和发展生态平衡，扩大现有自然资源的再生产，保障人类社会的发展。

环境保护通常包括两方面的工作：一是预防性工作，通过政策、法规、标准等约束人为排放，防止过量污染物进入环境；二是治理性工作，通过技术、管理的手段，消除环境中的过量污染物。

图 1-3　环境保护

## 7. 生态保护与环境保护有何异同？

生态保护的目的是防止人类活动对生态系统及其组成部分造成不必要的改变，并尽可能地保持生态系统的原有平衡。环境保护的目的是避免或解决由人类生活和生产活动引起的环境退化，使其更好地适应人类生活和工作的需要。生态学和环境既有区别又有联系。生态学强调的是生物体与周围环境的关系，更具有系统性、整体性和关联性；而环境强调的是对人类生存和发展具有核心意义的外部因素，更多的是指人类社会生产和生活的广阔空间、丰富资源和必要条件。

## 8. 历史上有哪些典型生态环境破坏事件？

在人类历史上曾发生过一些重大的生态破坏事件，这使得人们对生态保护的意识越来越强。

1859 年，一个农民把 24 只钻地兔从英国带到了澳大利亚。由于没有天敌，兔子疯狂繁殖，挤占了本地生物的生存空间；同时，由于没有以兔子粪便为食的蜣螂，导致兔子粪便在草原上堆积，抑制了植被的生长，对澳大利亚的生态系统造成了严重破坏。

20 世纪 40 年代，洛杉矶的汽车和工厂释放出大量的氮氧化物和挥发性碳氢化合物，这些气体暴露在紫外线下，产生光化学反应，产生了臭氧等二次污染物，这些污染物混合在一起，部分附着在悬浮颗粒上，形成有害的浅蓝色烟雾，对人类、动植物和建筑物造成损害。除了洛杉矶，许多城市都发生过光化学烟雾事件，造成了巨大的生命和财产损失。1952 年 12 月，伦敦的工厂和居民燃烧煤炭的排放物在城市上空聚集，由于热层的反转，难以扩散。

空气中高浓度的颗粒物、二氧化硫、氮氧化物、硫化氢、氯化氢和其他污染物形成了严重的烟雾，对居民的呼吸系统和血液系统造成损害。当月多达4000人因大烟雾而死亡，这被称为“伦敦烟雾事件”。

20世纪50年代，中国将麻雀列为“四害”之一，以保护粮食生产。针对麻雀的消灭总动员大大减少了以麻雀为代表的鸟类数量，但也让害虫肆虐农田，造成粮食歉收。

20世纪50年代到60年代，日本熊本县的水俣湾附近排放了大量含有汞的工业废水，这些废水被微生物转化为甲基汞，被水生生物吸收，甲基汞通过食物链逐渐在水生动物体内富集。当地居民由于长期食用这些被污染的水生生物而中毒。这就是震惊世界的日本“水俣病”事件，被称为世界八大公害事件之一。

20世纪60年代，为防止水体中浮游植物的过度生长，美国引进了各种亚洲鲤鱼。然而，它们在没有天敌的情况下的生存能力很快蔓延到密西西比河和伊利诺伊河流域，然后向北进一步威胁到美加边境的五大湖地区。水生植物被亚洲鲤鱼大量消耗，本地鱼类的产卵环境被破坏，种群数量急剧减少。

## 9.《寂静的春天》的内容和意义是什么?

《寂静的春天》是一部关于现代环境意识的启蒙作品，它的出版被认为是现代环境运动的开端。《寂静的春天》的作者蕾切尔·卡逊出生于美国宾夕法尼亚州，曾在美国鱼类及野生动物管理局工作，在此期间，她接触到许多当时政府和公众没有广泛关注的真实环境问题，并创作了《在海风的吹拂下》、《海洋的边缘》和《我们周围的海洋》等畅销作品。1958 年 1 月，蕾切尔·卡逊收到一封读者来信，内容是关于 50 年代广泛使用的双对氯苯基三氯乙烷（DDT）杀虫剂造成的大量鸟类死亡，这引发了她对这个问题的深入研究。由此产生的《寂静的春天》于 1962 年出版，描述了一个因滥用杀虫剂而导致万物萧条和死亡的小镇，这为现代社会的环境污染问题敲响了警钟。在当时，环境保护并不是一个共识，所以蕾切尔·卡逊受到了严重的诋毁和攻击，特别是来自农药化学领域的公司，但同时，《寂静的春天》也得到了公众和许多领导人的认可。最终，美国的几个州开始限制杀虫剂的使用，到 1972 年，DDT 和其他几种高毒性杀虫剂的生产和使用被禁止。

## 10. 生态环境保护会影响经济发展吗？

在局部和短期内，生态环境保护可能会限制经济因素的利用，但从整体和长期来看，生态环境保护是经济社会可持续发展的基础。同时，生态环境保护并不是要阻止经济的发展，而是要控制经济发展带来的破坏。经济发展还可以对生态环境保护工作起到积极作用，为生态环境保护工作提供足够的资金和技术支持。

2005 年 8 月 15 日，时任浙江省委书记的习近平同志在浙江省湖州市安吉县考察时，首次提出了“绿水青山就是金山银山”的科学论断。2017 年 10 月 18 日，习近平同志在党的十九大报告中指出，必须树立和践行绿水青山就是金山银山的理念，坚持节约资源和保护环境的基本国策。2021 年 10 月 12 日，习近平主席在《生物多样性公约》第十五次缔约方大会领导人峰会视频讲话中提出，绿水青山就是金山银山。良好生态环境既是自然财富，也是经济财富，关系经济社会发展潜力和后劲。我们要加快形成绿色发展方式，促进经济发展和环境保护双赢，构建经济与环境协同共进的地球家园。

## 11. 在生态环境领域有哪些国际组织？

**联合国环境规划署（United Nations Environment Programme，UNEP）。**联合国环境规划署成立于 1973 年 1 月，是一个领导世界环境运动的专门机构。联合国环境规划署由理事会、秘书处和环境基金组成，负责协调各国在环境领域的活动，宣传世界地球日和世界环境日，

并促进保护环境的国际协定和公约的签订。

**世界自然保护联盟（International Union for Conservation of Nature，IUCN）。**该组织于 1948 年在法国枫丹白露成立，总部位于瑞士格朗，也称作“国际自然与自然资源保护联盟”，是政府和非政府组织都可以与之合作的国际组织之一。该组织在全球 140 多个国家拥有包括主权国家、政府机构以及各种非政府组织在内的 1000 多个成员单位，是全球自然保护领域最大的非政府组织，每三年举行一次世界自然保护大会。世界自然保护联盟的宗旨是在全球范围内，影响、鼓励和协助社会各界保育自然界的完整性和多样性，确保自然资源得到公平和可持续的利用。

**世界自然基金会（World Wide Fund For Nature，WWF）。**世界自然基金会作为最大的独立性非政府环境保护组织之一，在全球享有盛名，大约有 500 万支持者，在全世界拥有超过 100 个国家参与的项目网络。世界自然基金会的使命是阻止地球自然环境的退化，为人类创造一个与自然和谐相处的美好未来，保护地球的生物多样性，确保可再生自然资源的可持续利用，帮助减少污染和浪费。该组织的标志是一只大熊猫。

**全球环境基金（Global Environment Facility，GEF）**。全球环境基金是一个由 183 个国家和地区组成的国际合作机构，其宗旨是与国际机构、社会团体和私营部门合作，协力解决环境问题。全球环境基金是关于生物多样性、气候变化、持久性有机污染物和荒漠化的国际公约的财务机构。通过业务规划，全球环境基金在生物多样性、气候变化、国家水域、臭氧层消耗、土地退化和持久性有机污染物等关键领域支持发展中国家和经济转型国家，并在全球范围内提供支持。

## 12. 什么是世界环境日？

1972 年 10 月，第 27 届联合国大会根据斯德哥尔摩会议的建议，决定成立联合国环境规划署，并将每年的 6 月 5 日定为世界环境日，要求联合国机构和世界各国政府、团体在每年 6 月 5 日前后举行保护环境、反对公害的各类活动。联合国环境规划署每年选择一个成员国举行世界环境日纪念活动，也在这一天发布有关世界环境状况的年度报告。世界环境日的主题是根据当年世界上的主要环境问题和环境热点而确定的。世界环境日反映了全世界人民对环境问题的认识和态度，表达了人类对改善环境的渴望和愿望，是联合国促进全球环境意识、提高政府对环境问题的注意并采取行动的主要媒介之一。

2014 年 4 月 24 日，第十二届全国人民代表大会常务委员会第八次会议修订通过并于2015年1月1日起实施的《中华人民共和国环境保护法》规定，每年的6月5日为环境日。2023年我国六五环境日的主题是“建设人与自然和谐共生的现代化”。

## 13. 在生态环境领域有哪些全球行动？

1970年4月22日，发起于美国的大约2000万人参加的地球日活动是人类历史上第一次大规模的群众性环保活动，作为现代环境保护的开端，它促成了西方国家环境法律法规的建立，和美国国家环境保护局的成立，并在一定程度上促成了1972年在斯德哥尔摩召开的第一次联合国人类环境会议，有力地推动了全世界的环境保护工作。每年4月22日的世界地球日是全世界范围内最大的民间环保节日，其目的是提高人们对环境问题的认识，动员他们参与环保运动，并通过绿色低碳的生活方式改善地球的整体生态环境。

1972年6月5日，联合国在瑞典斯德哥尔摩召开了第一次人类环境会议，在“只有一个地球”的口号下，通过了著名的《人类环境宣言》。

“地球一小时”，又称“关灯一小时”，是世界自然基金会在2007年发起的一项世界性倡议，呼吁个人、社区、企业和政府在每年3月的最后一个星期六晚上8点半到9点半关灯一小时，以此来激发人们承担起保护地球的责任、思考气候变化等环境问题、支持全球应对变暖的行动。这是一个全球性的活动，自2007年世界自然基金会在澳大利亚的悉尼首次宣布以来，该活动以惊人的速度席卷全球，公众参与度极高。

图1-4　关灯一小时海报

## 14. 我国开展了哪些生态环境国际合作?

改革开放40多年来，我国逐步成为全球生态文明建设的重要参与者、贡献者和引领者。我国统筹国内国际大局，维护发展中国家权益，推动全球环境问题的“南北合作、南南合作”。同时，坚持量力而行的原则，以绿色“一带一路”建设为抓手，为全球生态文明建设贡献中国智慧和中国方案。我国与发达国家合作，引进先进理念和技术；与发展中国家合作，坚持互利共赢，分享我国经验；与周边国家合作，共同解决全球性和区域性环境问题。迄今为止，我国已批准和加入 30 多项与生态环境有关的多边公约或议定书，与 100 多个国家开展了广泛的环境保护交流，与 60 多个国家、地区和国际组织签署了近 150 份生态环境保护合作文件。

我国还积极扩大与联合国、世界银行等国际组织和机构的环境合作。我国是向全球环境基金提供资金的少数发展中国家之一。2015 年，联合国环境规划署发布《中国库布其生态财富创造模式和成果报告》，肯定我国在治理沙漠、消除贫困、应对气候变化等方面的积极行动和巨大贡献；2016 年，联合国环境规划署发布《绿水青山就是金山银山：中国生态文明战略与行动》报告，认为以“绿水青山就是金山银山”为指导的中国生态文明战略为世界可持续发展提供了中国方案；2019 年，联合国环境规划署发布《北京二十年大气污染治理历程与展望》评估报告，肯定了北京大气污染治理的有效性，认为北京的经验会对许多遭受空气污染困扰的城市提供参考。

## 15. 什么是绿色“一带一路”？

生态环境与发展不均衡是制约全球经济健康稳定发展的重要因素，我国将共建“一带一路”倡议与绿色发展理念创造性结合，一方面契合全球可持续发展要求，另一方面也有利于提升“一带一路”沿线发展中国家的工业化。

2015 年 3 月，国家发展改革委、外交部、商务部联合发布《推动共建丝绸之路经济带和 21 世纪海上丝绸之路的愿景与行动》，强化多边合作机制，更加积极主动地实行开放战略，加强东中西互动合作，全面提高开放型经济水平，共建绿色丝绸之路。

2016 年 12 月，联合国环境规划署与中华人民共和国环境保护部签署《关于建设绿色“一带一路”的谅解备忘录》。

2017 年 4 月，环境保护部、外交部、国家发展改革委、商务部联合发布《关于推进绿色“一带一路”建设的指导意见》，明确推进绿色“一带一路”建设，发挥各地在“一带一路”建设中的区位优势，科学规划产业空间布局，积极创新合作模式，保障生态环境安全。

2017 年 5 月，环境保护部印发了《“一带一路”生态环境保护合作规划》，指出：绿色“一带一路”建设要重视推动中国沿线地区的生态环保工作，推动环保技术和产业合作项目落地。

近年来，我国在“一带一路”绿色发展建设方面取得显著成效，与沿线国家及国际组织签署了50多份生态环境保护合作文件，与沿线28个国家发起“一带一路”绿色发展伙伴关系倡议，在可再生能源、节能环保、传统能源及产业生态改造等领域与沿线国家展开密切合作。同时，我国在“一带一路”产能国际合作中持续开展低污染、低能耗的高技术示范项目，取得积极成果。在绿色投融资领域，我国倡导成立的亚洲基础设施投资银行（亚投行）、金砖国家新开发银行（新开发银行）也在推进绿色信贷，发展低碳环保项目。

## 16. 什么是可持续发展?

1987年，世界环境与发展委员会（WCED）发表了《我们共同的未来》报告，将可持续发展定义为“既能满足当代人的需要，又不对后代人满足其需要的能力构成危害的发展”。1989年召开的联合国大会通过了《关于可持续发展的声明》，可持续发展的定义和战略主要包括四个方面：（1）逐步实现国家和国际公平；（2）需要一个有利的国际经济环境；（3）保护、合理利用并改善自然资源基础；（4）将对环境的关注和考虑纳入发展计划和政策。

## 17. 什么是联合国 2030 年可持续发展议程?

联合国 2030 年可持续发展议程指的是联合国全体成员国于 2015 年 9 月在联合国可持续发展峰会一致通过的全球可持续发展目标《改变我们的世界——2030 年可持续发展议程》。这一新的全球议程宣布了 17 项可持续发展目标和 169 项具体目标，为未来 15 年世界各国发展和国际发展合作指明了方向，描绘了蓝图。该议程是一项关于人类、地球和繁荣的行动计划，旨在加强世界和平与自由，消除包括极端贫困在内的一切形式的贫困，消除饥饿，实现粮食安全，实现性别平等，增强所有妇女和女童的权能，等等。该议程是整体的、不可分割的，并考虑到可持续发展的三个方面：经济、社会和环境。

## 18. 联合国 2030 年可持续发展议程的内容是什么?

联合国 2030 年可持续发展议程宣布了可持续发展目标，也称为全球目标，这 17 项目标述及发达国家和发展中国家人民的需求，并强调不会落下任何一个人。

目标 1：在全世界消除一切形式的贫困；

目标 2：消除饥饿，实现粮食安全，改善营养状况和促进可持续农业；

目标 3：确保健康的生活方式，促进各年龄段人群的福祉；

目标 4：确保包容和公平的优质教育，让全民终身享有学习机会；

目标 5：实现性别平等，增强所有妇女和女童的权能；

目标 6：为所有人提供水和环境卫生并对其进行可持续管理；

目标 7：确保人人获得负担得起的、可靠和可持续的现代能源；

目标 8：促进持久、包容和可持续的经济增长，促进充分的生产性就业和人人获得体面工作；

目标 9：建设具备抵御灾害能力的基础设施，促进具有包容性的可持续工业化，推动创新；

目标 10：减少国家内部和国家之间的不平等；

目标 11：建设包容、安全、有抵御灾害能力和可持续的城市和人类住区；

目标 12：采用可持续的消费和生产模式；

目标 13：采取紧急行动应对气候变化及其影响；

目标 14：保护和可持续利用海洋和海洋资源以促进可持续发展；

目标 15：保护、恢复和促进可持续利用陆地生态系统，可持续管理森林，防治荒漠化，制止和扭转土地退化，遏制生物多样性的丧失；

目标 16：创建和平、包容的社会以促进可持续发展，让所有人都能诉诸司法，在各级建立有效、负责任和包容的机构；

目标 17：加强执行手段，重振可持续发展全球伙伴关系。

## 19. 什么是环境容量？

根据《中华人民共和国环境保护法》，环境是指影响人类生存和发展的各种天然的和经过人工改造的自然因素的总体，包括大气，水，海洋，土地，矿藏，森林，草原，湿地，野生生物，自然遗迹、人文遗迹，自然保护区、风景名胜区，城市和乡村等。

环境容量是指在人类生存和自然生态系统不致受害的前提下，某一环境单元所能容纳的污染物的最大负荷量。环境容量是一个变量，由本底环境容量和可变环境容量组成，前者是环境标准值与环境本底值之差，后者是指环境单元的自净能力。环境容量又可分为整体环境容量和单个环境要素的容量，按环境因子可细分为大气环境容量、水环境容量、土壤环境容量和生物环境容量。此外，还有人口环境容量和城市环境容量。

环境单元的容量大小与环境单元本身的组成、结构和功能密切相关。在地球表面不同区域，环境容量的变化具有明显的地质规律和区域规律。通过人为调节，控制环境的物理、化学和生物过程，改变物质的循环和转化方式，可以增加环境容量，改善环境污染。

## 20. 什么是绿色发展?

2015 年 10 月，党的十八届五中全会通过《中共中央关于制定国民经济和社会发展第十三个五年规划的建议》，提出必须牢固树立“创新、协调、绿色、开放、共享”五大发展理念。绿色发展是在传统发展基础上的一种模式创新，是建立在生态环境容量和资源承载力的约束条件下，将环境保护作为实现可持续发展重要支柱的一种新型发展模式。具体来说包括以下几个要点：一是将环境资源作为社会经济发展的内在要素；二是把实现经济、社会和环境的可持续发展作为绿色发展的目标；三是把经济活动过程和结果的“绿色”和“生态化”作为绿色发展的主要内容和途径。绿色发展观以人与自然和谐为价值取向，以绿色低碳循环为主要原则，以生态文明建设为基本抓手。

## 21. 我国生态环境保护法律法规体系是什么样的?

我国生态环境保护法律法规体系由下列各部分构成。

(1)《中华人民共和国宪法》中关于生态环境保护的条文。《宪法》第二十六条规定，国家保护和改善生活环境和生态环境，防治污染和其他公害。这体现了国家生态环境保护的总政策。

(2)《中华人民共和国民法典》中关于生态环境保护的条文。

《民法典》鲜明地提出绿色环保原则，第七编第七章规定了环境污染和生态破坏责任。

（3）《中华人民共和国刑法》中关于生态环境保护的条文。《刑法》第六章第六节对构成破坏环境资源保护罪要承担的刑事责任作出明确规定。

（4）《中华人民共和国环境保护法》。这是我国生态环境保护的基本法。

（5）生态环境保护单行法。我国生态环境保护单行法在生态环境保护法律法规体系中数量最多，占有重要的地位，如《中华人民共和国水污染防治法》《中华人民共和国大气污染防治法》等。

（6）生态环境保护行政法规。国务院出台了一系列生态环境保护行政法规，几乎覆盖了所有生态环境保护行政管理领域，如《排污许可管理条例》《建设项目环境保护管理条例》等。

（7）生态环境保护部门规章。目前，在我国生态环境保护领域存在大量的行政规章，如《环境行政处罚办法》《生态环境标准管理办法》等。

（8）生态环境保护地方性法规及规章。是由享有立法权的地方权力机关和地方政府机关依据《宪法》《立法法》和相关法律，根据当地实际情况和特定环境问题制定的，在本地范围内实施，具有较强的可操作性。如《深圳经济特区生态环境保护条例》。

（9）生态环境标准。根据生态环境部发布的《生态环境标准管理办法》，生态环境标准是指由国务院生态环境主管部门和省级人民政府依法制定的生态环境保护工作中需要统一的各项技术要求。生态环境标准分为国家生态环境标准和地方生态环境标准。国家生态环境标准包括国家生态环境质量标准、国家生态环境风险管控标准、国家污染物排放标准、国家生态环境监测标准、国家生态环境基础标准和国家生态环境管理技术规范。国家生态环境标准在全国范围或者标准指定区域范围执行。地方生态环境标准包括地方生态环境质量标准、地方生态环境风险管控标准、地方污染物排放标准和地方其他生态环境标准。地方生态环境标准在发布该标准的省、自治区、直辖市行政区域范围或者标准指定区域范围执行。有地方生态环境质量标准、地方生态环境风险管控标准和地方污染物排放标准的地区，应当依法优先执行地方标准。

（10）生态环境保护国际公约。我国缔结和参加的生态环境保护国际公约、条约及议定书，如《关于持久性有机污染物的斯德哥尔摩公约》等。

## 22.《中华人民共和国环境保护法》的基本内容是什么？

《中华人民共和国环境保护法》作为综合性的环境保护基本法，对环境保护的重要问题作了较为全面的规定。该法规定了中国环境保护的基本原则和制度，如将环境保护纳入国民经济和社会发展计划；环境保护应坚持保护优先、预防为主、综合治理、公众参与、损害负责的原则；实施环境影响评价制度、“三同时”制度等。本法基本全面规定了环境监督管理、保护和改善环境、防治环境污染和其他公害的内容，以及违反环境保护法的法律责任。

## 23. 我国环境保护的主要原则有哪些？

《中华人民共和国环境保护法》第一章第五条规定，环境保护坚持保护优先、预防为主、综合治理、公众参与、损害担责的原则。

保护优先，就是要从源头上加强生态环境保护和合理利用资源。当遇到生态环境风险不确定的情形时，应优先保护生态环境。预防为主，是指为避免和消除因开发利用环境造成的环境退化或环境损害，预先采取预测、分析和预防措施。综合治理，就是运用各项经济、技术政策和措施，对已经造成的环境污染和损害进行积极治理。在我国的环境法制度体系中，环境影响评价制度、“三同时”制度、排污许可制度等都体现了这一原则。公众参与，是指公众有权通过一定的程序或渠道参与一切发展决策和其他涉及公众环境权益的活动，并有权获得相应的法律保护和救济，以防止决策的盲目性，使决策符合广大公众的眼前利益和需求。损害担责，是指对环境造成不利影响的行为人要对其造成的环境污染和生态破坏承担责任。

## 24. 我国环境保护工作有怎样的发展历程?

我国环境保护的发展历程大致可以分为五个阶段。

第一阶段：从20世纪70年代初到党的十一届三中全会（1978年12月）。1972年召开联合国人类环境会议时，周恩来总理已清醒意识到了环境污染的严重性，在周总理的指示下，我国派代表团参加了这次会议。会后不久，国务院于1973年8月召开了第一次全国环境保护会议，确定了“全面规划、合理布局、综合利用、化害为利、依靠群众、大家动手、保护环境、造福人民”的32字环境保护工作方针。

第二阶段：从党的十一届三中全会（1978年12月）至1992年。其间，我国的环境保护工作逐步进入正轨。1983年12月，第二次全国环境保护会议将环境保护确定为一项基本国策。1984年5月，国务院作出《关于环境保护工作的决定》，将环境保护纳入国民经济和社会发展计划。1984年12月，国家环境保护局成立，成为国务院直属机构，地方政府也相继成立了环保机构。1989年4月，国务院召开第三次全国环境保护会议，提出要积极落实环境保护目标责任制、城市环境综合整治定量考核制度、排污许可制度、污染集中控制、限期治理、环境影响评价制度、“三同时”制度以及排污收费制度等八项环境管理制度。同时，以1979年颁布试行、1989年正式实施的《中华人民共和国环境保护法》为代表的环境法规体系初步建立，为环境治理法治化奠定了基础。

第三阶段：从 1992 年到 2002 年。1992 年，联合国在巴西里约热内卢召开环境与发展大会，提出了可持续发展战略。之后，党中央、国务院发布《中国环境与发展十大对策》。1994 年 3 月，我国政府制定实施《中国 21 世纪议程——中国 21 世纪人口、环境与发展白皮书》，这是全球第一个国家级的 21 世纪议程。1996 年 3 月，第八届全国人大四次会议首次将科教兴国与可持续发展并列为国家基本战略。1996 年 7 月，国务院召开第四次全国环境保护会议，会后，发布《国务院关于环境保护若干问题的决定》，大力推进“一控双达标”（控制主要污染物排放总量、工业污染源达标和重点城市的环境质量按功能区达标）工作，全面开展“三河”（淮河、海河、辽河）、“三湖”（太湖、滇池、巢湖）水污染防治，“两控区”（酸雨污染控制区和二氧化硫污染控制区）大气污染防治，“一市”（北京市）、“一海”（渤海）的污染防治（简称“33211”工程）。启动了退耕还林、退耕还草、保护天然林等一系列生态保护重大工程。

第四阶段：从 2002 年到 2012 年。党的十六大以来，党中央、国务院提出树立和落实科学发展观、构建社会主义和谐社会、建设资源节约型环境友好型社会、让江河湖泊休养生息、推动环境保护历史性转变、环境保护是重大民生问题、探索环保新路等新思想、新举措。2002 年、2006 年和 2011 年，国务院先后召开了第五次全国环境保护会议、第六次全国环境保护会议和第七次全国环境保护会议，做出了一系列新的重大决策和部署。把主要污染物减排作为经济社会发展的约束性指标，完善环境法律制度和经济政策，加强重点流域污染防治，提高环境执法监督能力，积极开展国际环境交流与合作。

第五阶段：党的十八大（2012 年）以来。党的十八大把生态文明建设纳入中国特色社会主义事业总体布局，把生态文明建设放在突出位置，融入经济建设、政治建设、文化建设、社会建设的各方面和全过程，努力建设美丽中国，实现中华民族可持续发展，迈向社会主义生态文明新时代。这是具有里程碑意义的科学论断和战略抉择，标志着我党对中国特色社会主义规律认识的进一步深化，昭示着要从建设生态文明的战略高度来认识和解决我国的环境问题。

## 25. 我国生态环境管理体制是什么样的?

生态环境管理是政府环境保护机构依据国家和地方制定的有关自然资源与生态保护的法律、法规、条例、技术规范、标准等所进行的技术含量很高的行政管理工作。生态环境管理体制是关于国家生态环境管理机构的设置、领导隶属关系的划分、权力的配置和运行等一套完整的规则和制度，包括四个部分：法律保障、组织结构、权力配置结构和权力运行机制。

我国生态环境管理体制经历了四次重大改革：1982 年，组建城乡建设环境保护部，内设环境保护局，环境保护局是局级机构；1988 年，国家环境保护局从建设部分离出来，成为国务院直属机构，地方政府也陆续成立环境保护机构；1998 年，国家环境保护局升格为国家环境保护总局，作为部级机构，加强了国家环境政策制定、规划、监督和协调职能，与此同时成立了国土资源部，统一管理国土资源；2008 年，环境保护部成立，由国务院直属机构转变为国务院组成部门，为更好地发挥环境保护服务民生、宏观调控等作用提供了组织保障；2018 年，环境保护部重组，成立生态环境部，将分散在农业、海洋、水利等部门的环境管理职责进行了整合。目前，我国已建立起由政府主导、统一监督管理与分级分区监督管理相结合的环境管理体制。

## 26. 什么是生态环境与健康素养？

生态环境与健康素养是指公民认识到生态环境的价值及其对健康的影响，了解生态环境保护与健康风险防范的必要知识，践行绿色健康生活方式，并具备一定保护生态环境、维护自身健康的行动能力。

## 27. 深圳市生态环境质量状况如何?

根据《2021 年深圳市生态环境状况公报》，深圳市全市 $PM_{2.5}$ 年均浓度降至 18 μg/$m^3$，空气质量优良天数比例达 96.2%，空气质量综合指数在 168 个重点城市中排名第 8。在全国率先实现全市域消除黑臭水体，水环境实现历史性、根本性、整体性转好，被国务院评为重点流域水环境质量改善明显的 5 个城市之一。全市 21 个地表水国考、省考断面水质全面达到Ⅳ类及以上。茅洲河入选全国美丽河湖优秀提名案例，茅洲河、大沙河被评为 2021 年广东省十大美丽河湖，大鹏湾入选全国八大美丽海湾；碳排放强度降至全国平均水平的 1/5，绿色竞争力在全国 289 个城市中排名第 1；大鹏新区荣获全国“绿水青山就是金山银山”实践创新基地。

图 1-5 城市环境愈加改善

## 28. 深圳市生态环境保护的发展方向是什么？

《深圳市生态环境保护“十四五”规划》提出，到 2025 年，生态环境质量达到国际先进水平，形成低消耗、少排放、能循环、可持续的绿色低碳发展方式，以先行示范标准推动碳达峰迈出坚实步伐，大气、水、近岸海域等环境质量持续提升，城市生态系统服务功能增强，基本建立完善的现代环境治理体系，天更蓝、地更绿、水更清、城市更美丽。到 2035 年，建设成为可持续发展先锋，打造人与自然和谐共生的美丽中国典范，生态环境质量达到国际一流水平，“绿色繁荣、城美人和”的美丽深圳市全面建成。绿色生产生活方式更加完善，绿色低碳循环水平显著提升，碳排放达峰后稳中有降。$PM_{2.5}$ 年均浓度不高于 15 μg/m$^3$，生态美丽河湖景象处处可见，城市生态系统服务功能全面提升，实现环境治理能力现代化。

2025 年深圳市生态环境保护的主要目标如下：

（1）绿色低碳发展成效显著。以碳达峰、碳中和引领绿色发展，努力在碳达峰、碳中和方面走在全国前列，形成节约资源、保护环境的空间结构、产业结构、生产方式、生活方式，打造绿色低碳城市标杆。

（2）生态环境质量持续提升。大气环境质量持续改善，$PM_{2.5}$ 年均浓度低于 18 μg/m$^3$，主要河流水质达到地表水Ⅳ类以上，固体废弃物得到全面有效处置，景观、游憩等亲水需求得到满足，美丽海湾建设走在全国前列。

（3）生态系统服务功能增强。生态安全屏障更加稳固，生物多样性保护全面加强，生物安全管理水平显著提高，区域性生态系统结构改善和功能持续提升。

（4）环境风险得到全面管控。土壤安全利用水平巩固提升，危险废物和医疗废物安全处置，环境风险有效管控，环境健康管理水平大幅提升。

（5）环境治理体系现代化水平显著提升。生态文明制度改革深入推进，环境基础设施配套全面提升，生态环境治理体系和治理能力现代化水平位居全国前列。

# 第二篇

# 环境管理

## 29. 什么是环境影响评价制度?

《中华人民共和国环境保护法》第十九条规定，编制有关开发利用规划，建设对环境有影响的项目，应当依法进行环境影响评价。未依法进行环境影响评价的开发利用规划，不得组织实施；未依法进行环境影响评价的建设项目，不得开工建设。《中华人民共和国环境影响评价法》第二条规定，环境影响评价是指对规划和建设项目实施后可能造成的环境影响进行分析、预测和评估，提出预防或者减轻不良环境影响的对策和措施，进行跟踪监测的方法与制度。

针对开发建设活动可能产生的环境污染和破坏，事先进行环境影响评价，制定预防措施，可以降低项目实施后的环境风险；相反，如果不进行环境影响评价，一旦污染事故发生后再去解决问题，就会付出成倍的代价，甚至造成不可逆转的损害。除了建设项目环境影响评价，规划环境影响评价的重要性也日益突出。随着经济活动范围和规模的不断扩大，区域开发、产业发展和自然资源开发利用所造成的环境影响越来越突出，特别是因有关政策和规划所造成的各种环境问题已经成为影响我国可持续发展的重大问题。如果有关部门在提出有关政策和规划的时候能够慎重考虑相关的环境影响，并采取相应的环境保护措施，不仅可以防止其可能带来的环境破坏，而且可以大大减少事后治理所带来的经济损失和社会矛盾。结合以上经验和做法，我国将环境影响评价的范围，由单纯地评价建设项目，扩大到评价对环境有影响的政策和规划。

## 30. 环境影响评价有哪些类型？

根据《中华人民共和国环境影响评价法》的规定，环境影响评价的对象包括法定应当进行环境影响评价的规划和建设项目两大类，其中法定应当进行环境影响评价的规划主要有：①第七条规定的，国务院有关部门、设区的市级以上地方人民政府及其有关部门，组织编制的土地利用的有关规划，区域、流域、海域的建设、开发利用规划。②第八条规定的，国务院有关部门、设区的市级以上地方人民政府及其有关部门，组织编制的工业、农业、畜牧业、林业、能源、水利、交通、城市建设、旅游、自然资源开发的有关专项规划。

## 31. 建设项目环境影响评价有何程序？

《中华人民共和国环境影响评价法》第三章规定，国家根据建设项目对环境的影响程度，对建设项目的环境影响评价实行分类管理。

（1）评价。建设单位应当按照下列规定组织编制环境影响报告书、环境影响报告表或者填报环境影响登记表（以下统称环境影响评价文件）：①可能造成重大环境影响的，应当编制环境影响报告书，对产生的环境影响进行全面评价；②可能造成轻度环境影响的，应当编制环境影响报告表，对产生的环境影响进行分析或者专项评价；③对环境影响很小、不需要进行环境影响评价的，应当填报环境影响登记表。

建设项目的环境影响评价，应当避免与规划的环境影响评价相重复。作为一项整体建设项目的规划，按照建设项目进行环境影响评价，不进行规划的环境影响评价。已经进行了环境影响评价的规划包含具体建设项目的，规划的环境影响评价结论应当作为建设项目环境影响评价的重要依据，建设项目环境影响评价的内容应当根据规划的环境影响评价审查意见予以简化。

（2）审查。建设项目的环境影响评价文件，由建设单位按照国务院的规定报有审批权的生态环境主管部门审批。未依法经审批部门审查或者审查后未予批准的，建设单位不得开工建设。

（3）跟踪评价。生态环境主管部门应当对建设项目投入生产或者使用后所产生的环境影响进行跟踪检查，对造成严重环境污染或者生态破坏的，应当查清原因、查明责任。

## 32. 规划环境影响评价有何程序?

《中华人民共和国环境影响评价法》第七条、第八条规定了应当进行环境影响评价的规划，根据《中华人民共和国环境影响评价法》又制定了《规划环境影响评价条例》（中华人民共和国国务院令第559号），自2009年10月1日起施行。《规划环境影响评价条例》第二条规定：国务院有关部门、设区的市级以上地方人民政府及其有关部门，对其组织编制的土地利用的有关规划和区域、流域、海域的建设、开发利用规划（以下称综合性规划），以及工业、农业、畜牧业、林业、能源、水利、交通、城市建设、旅游、自然资源开发的有关专项规划（以下称专项规划），应当进行环境影响评价。具体要求如下：

（1）评价。规划编制机关应当在规划编制过程中对规划组织进行环境影响评价，应当分析、预测和评估以下内容：①规划实施可能对相关区域、流域、海域生态系统产生的整体影响；②规划实施可能对环境和人群健康产生的长远影响；③规划实施的经济效益、社会效益与环境效益之间以及当前利益与长远利益之间的关系。

对规划进行环境影响评价，应当遵守有关环境保护标准以及环境影响评价技术导则和技术规范。2019年12月生态环境部印发《规划环境影响评价技术导则　总纲》（HJ 130—2019），于2020年3月1日起实施。编制综合性规划，应当根据规划实施后可能对环境造成的影响，编写环境影响篇章或者说明。编制专项规划，应当在规划草案报送审批前编制环境影响报告书。编制专项规划中的指导性规划（以发展战略为主要内容的专项规划），应当根据规划实施后可能对环境造成的影响，编写环境影响篇章或者说明。

（2）审查。专项规划的编制机关在报批规划草案时，应当将环境影响报告书一并附送审批机关审查。规划审批机关在审批专项规划草案时，应当将环境影响报告书结论以及审查意见作为决策的重要依据。

（3）跟踪评价。对环境有重大影响的规划实施后，编制机关应当及时组织环境影响的跟踪评价，并将评价结果报告审批机关；发现有明显不良环境影响的，应当及时提出改进措施。

## 33. 什么是海洋工程环境影响评价?

《中华人民共和国环境影响评价法》第二十二条规定，海洋工程建设项目的海洋环境影响报告书的审批，依照《中华人民共和国海洋环境保护法》的规定办理。国家海洋局 2017 年 4 月对《海洋工程环境影响评价管理规定》进行了修订，规定海洋工程的选址（选线）和建设应当符合海洋主体功能区规划、海洋功能区划、海洋环境保护规划、海洋生态红线制度及国家有关环境保护标准，不得影响海洋功能区的环境质量或者损害相邻海域的功能。海洋工程的建设单位应委托具有相应环境影响评价资质的技术服务机构，依据相关环境保护标准和技术规范，对海洋环境进行科学调查，编制环境影响报告书（表），并在开工建设前，报海洋行政主管部门审查批准。海洋工程环境影响评价技术服务机构应当严格按照资质证书规定的等级和范围，承担海洋工程环境影响评价工作，并对评价结论负责。

## 34. 政策环境影响评价有何程序？

《中华人民共和国环境保护法》第十四条规定，国务院有关部门和省、自治区、直辖市人民政府组织制定经济、技术政策，应当充分考虑对环境的影响，听取有关方面和专家的意见。但是没有政策环境影响评价的具体程序。2019 年国务院颁布《重大行政决策程序暂行条例》，要求对决策事项涉及的人财物投入、资源消耗、环境影响等成本和经济、社会、环境效益进行分析预测，但也没有对工作形式提出要求。2020 年，生态环境部发布《经济、技术政策生态环境影响分析技术指南（试行）》，用于国务院有关部门和省、自治区、直辖市人民政府在组织制定产业和重大生产力布局政策、区域发展政策、税收和补贴政策、价格政策、贸易政策等经济、技术政策过程中开展政策生态环境影响分析，其程序如图 2-1 所示。

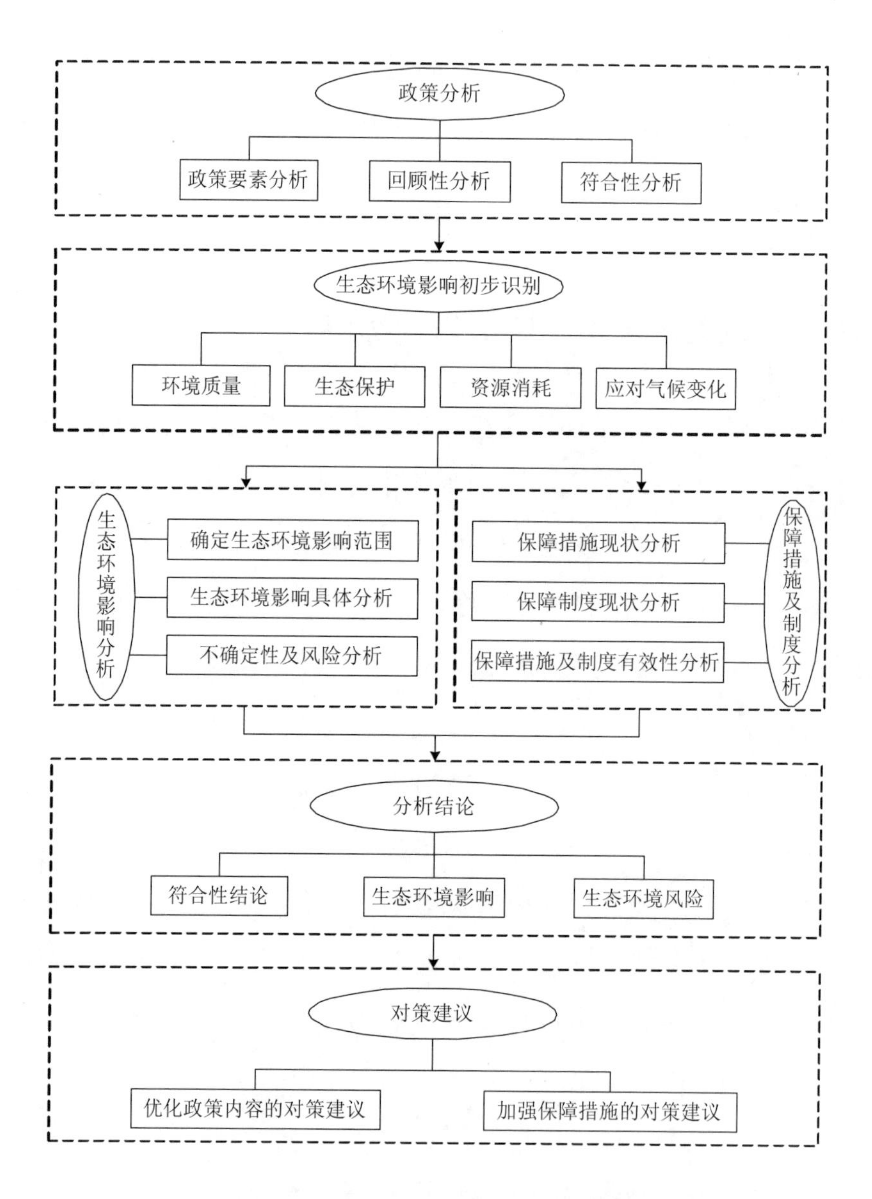


图 2-1 政策生态环境影响分析程序

## 35. 什么是“三同时”制度?

《中华人民共和国环境保护法》第四十一条规定，建设项目中防治污染的设施，应当与主体工程同时设计、同时施工、同时投产使用。防治污染的设施应当符合经批准的环境影响评价文件的要求，不得擅自拆除或者闲置。这一规定在我国环境立法中通称为“三同时”制度。它适用于在中国领域内的新建、改建、扩建项目（含小型建设项目）和技术改造项目，以及其他一切可能对环境造成污染和破坏的工程建设项目和自然开发项目。它与环境影响评价制度相辅相成，是防止新污染和生态破坏的两大“法宝”，是中国预防为主方针的具体化、制度化。

## 36. 什么是排污许可管理制度?

《中华人民共和国环境保护法》第四十五条规定，国家依照法律规定实行排污许可管理制度。实行排污许可管理的企业事业单位和其他生产经营者应当按照排污许可证的要求排放污染物；未取得排污许可证的，不得排放污染物。

排污许可证是实施排污许可制的重要载体，是排污单位在生产运营期接受环境监管和环境保护部门实施监管的主要法律文书，是排污单位守法、部门执法、社会监督的重要依据。生态环境部门通过核发排污许可证并依证监管实施排污许可制，纳入排污许可管理的排污单位必须按期持证排污、按证排污，不得无证排污。排污许可证由正本和副本构成，正本载明基本信息，副本包括基本信息、登记事项、许可事项、承诺书等内容。

首先排污单位根据自身实际生产经营情况，对照《国民经济行业分类》和工商营业执照等判断行业类别；然后依据自身行业类别，根据《深圳市固定污染源排污许可分类管理名录》判断排污许可管理类别。属于排污许可重点管理和简化管理的，按规定申请排污许可证；属于排污许可登记管理的，按规定进行排污登记。

## 37. 哪些企业需要安装联网污染源自动监控设施?

根据《深圳经济特区生态环境保护条例》及《排污许可管理条例》有关规定，以下企业需要安装联网污染源自动监控设施，并保证自动监控设施正常运行：

（1）重点排污单位；

（2）配套建设污染物集中处理设施的工业园区；

（3）其他未纳入重点排污单位管理，但因严重干扰周围环境、影响居民生活，纳入市生态环境部门重点监管的建筑施工工地、餐饮等排污单位；

（4）实行排污许可重点管理的排污单位。

## 38. 环境监测包括哪些类型?

环境监测可按监测目的或监测介质对象进行分类。

（1）按监测目的分类，包括例行监测、特定目的监测（特殊情况监测）和研究性监测（科研监测）。其中，监测还包括对污染源和环境质量的监测，是监测中规模最大、涉及面最广的工作。特定目的监测按目的分为污染事故监测、仲裁监测、评估核查监测和咨询服务监测。研究监测是针对特定目的的科学研究所进行的高层次监测。

（2）按监测介质对象分类，环境监测可分为水质监测、大气监测、土壤监测、固体废物监测、生物监测、生态监测、噪声与振动监测、电磁辐射监测、热监测、光监测、健康（病原体、病毒、寄生虫等）监测等。

## 39. 什么是排污单位环境信用评价?

排污单位环境信用评价是指生态环境部门根据排污单位环境行为信息，按照规定的指标、方法和程序，对排污单位环境行为进行综合信用评价，确定信用等级，并向社会公开。

深圳市行政区域内下列排污单位应当纳入排污单位环境信用评价范围：

（1）应当取得排污许可证的；

（2）无须取得排污许可证但纳入重点排污单位管理的；

（3）其他应当纳入排污单位环境信用评价范围的。

深圳市生态环境部门根据本市行政区域内环境管理需求和工作实际，分批次将上述排污单位纳入环境信用评价范围内。

鼓励未纳入上述范围内的排污单位自愿向各区生态环境部门申请参加排污单位环境信用评价。

排污单位环境信用评价实行 100 分记分制。参评企业的环境信用分为四个等级：90 分及以上为环保诚信企业（绿牌）、75（含）～90 分为环保良好企业（蓝牌）、60（含）～75 分为环保警示企业（黄牌）、60 分以下为环保不良企业（红牌）。

## 40. 什么是主要污染物总量减排？

为了改善生态环境质量，我国在国民经济和社会发展计划中对污染物排放总量进行控制，并提出具体的年度减排指标，将其分解到各省、自治区、直辖市，国家和各省份结合各地市实际情况将重点工程减排目标下达到各地市，并将其作为地方政府的重要工作任务进行考核，以实现全国污染物排放总量持续下降的目标。我国主要污染物总量减排从“九五”开始实施，要求“十四五”期间以改善环境质量和重点工程减排为重点。减排因子也从“十三五”规划的氮氧化物（$NO_x$）、二氧化硫（$SO_2$）、化学需氧量（COD）、氨氮（$NH_3$-N）四大污染物，转变为氮氧化物、挥发性有机物（VOCs）、化学需氧量、氨氮。“十四五”期间总量控制的主要污染物是化学需氧量、氨氮、氮氧化物、挥发性有机物四种污染物。

图 2-2 减排污染物总量，保护绿水青山

## 41. 什么是突发环境事件？

根据《国家突发环境事件应急预案》，突发环境事件是指由于污染物排放或自然灾害、生产安全事故等因素，导致污染物或放

射性物质等有毒有害物质进入大气、水体、土壤等环境介质，突然造成或可能造成环境质量下降，危及公众身体健康和财产安全，或造成生态环境破坏，或造成重大社会影响，需要采取紧急措施予以应对的事件，主要包括大气污染、水体污染、土壤污染等突发性环境污染事件和辐射污染事件。按照事件的严重程度，突发环境事件分为特别重大、重大、较大和一般四级。

图 2-3　突发环境事件

突发环境事件主要有以下四种类型：

（1）生产安全事故次生环境污染事件。企业在生产经营过程中遭遇生产安全事故，致使危险化学品、危险废物泄漏，火灾或爆炸引起水体、大气、土壤次生污染。

（2）交通事故次生突发环境事件。危险化学品、危险废物在运输过程中遭遇交通事故，致使大面积泄漏，引起水体、大气、土壤次生污染。

（3）违法排污突发环境事件。企业或自然人非法违法排放废水、废气或倾倒危险废物，导致水体、大气和土壤污染。

（4）自然灾害次生突发环境事件。因台风、暴雨等极端天气或自然灾害，环境风险物质泄漏导致水体、大气和土壤污染。

## 42. 如何应对突发环境事件？

突发环境事件应对工作坚持统一领导、分级负责，属地为主、协调联动，快速反应、科学处置，资源共享、保障有力的原则。突发环境事件发生后，地方人民政府和有关部门立即自动按照职责分工和相关预案开展应急处置工作。

针对突发环境事件，首先，要建立应急指挥体系，包括国家、地方和现场指挥机构；其次，要进行监测预警和信息报告；再次，要开展分级应急响应，解决污染问题；最后，要进行损害评估、事件调查和善后处置。为满足应对突发环境事件的要求，需要建立应急预案，完成队伍保障、物资与资金保障、通信保障、交通与运输保障等，并进行支持突发环境事件应急处置和监测先进技术、装备的研发，建立环境应急指挥技术平台，实现信息综合集成、分析处理、污染损害评估的智能化和数字化。

## 43. 工业企业的污染防治设施环境安全隐患排查内容有哪些?

工业企业的污染防治设施环境安全隐患排查主要检查以下内容：

（1）企业落实主体责任；

（2）有限空间安全管理；

（3）水污染防治设施安全管理；

（4）大气污染防治设施安全管理；

（5）危险废物储存场所管理；

（6）环境应急管理工作。

## 44. 企业事业单位在突发环境事件应急管理过程中应当履行的义务主要包括哪些?

根据《突发环境事件应急管理办法》第六条规定，企业事业单位应当按照相关法律法规和标准规范的要求，履行下列义务：

（1）开展突发环境事件风险评估；

（2）完善突发环境事件风险防控措施；

（3）排查治理环境安全隐患；

（4）制定突发环境事件应急预案并备案、演练；

（5）加强环境应急能力保障建设。

发生或者可能发生突发环境事件时，企业事业单位应当依法进行处理，并对所造成的损害承担责任。

## 45. 什么是“邻避效应”问题？

“邻避效应”是指人们担心一个建设项目会对健康、环境质量和财产价值产生负面影响，从而激发人们的嫌恶情结，滋生“不要建在我家后院”的心理现象。这种“不要建在我家后院”的心态和情绪是由项目附近的居民或单位产生的，有时甚至表现出高度情绪化的集体抵抗或大规模抵制行为。

随着我国城市化和工业化进入新的发展阶段，一些涉及环境保护的重大项目引发的“邻避效应”日益突出，由此引发的群体性事件不断增多，不仅严重影响社会和谐稳定，而且阻碍和妨碍了经济社会发展。探索建立和不断完善“邻避效应”问题的治理机制，对于推进法治政府和法治社会建设具有重要的现实意义。

## 46. 什么是生态环境保护督察？

生态环境保护督察是习近平总书记亲自谋划、亲自部署、亲自推动的一项重大改革举措和制度安排，相比过去各类督察，生态环境保护督察从以查企业为主转变为“查督并举，以督政为主”。生态环境保护督察实行中央和省、自治区、直辖市两级督察体制。

中央生态环境保护督察包括例行督察、专项督察和“回头看”等。原则上在每届党的中央委员会任期内，应当对各省、自治区、直辖市党委和政府，国务院有关部门以及有关中央企业开展例行督察，并根据需要对督察整改情况实施“回头看”；针对突出的生态环境问题，视情组织开展专项督察。中央生态环境保护督察实施规划计划管理。五年工作规划经党中央、国务院批准后实施。年度工作计划应当明确当年督察工作具体安排，以保障五年规划任务落实到位。

各省、自治区、直辖市生态环境保护督察，作为中央生态环境保护督察的延伸和补充，形成督察合力。省、自治区、直辖市生态环境保护督察可以采取例行督察、专项督察、派驻监察等方式开展工作，严格程序，明确权限，严肃纪律，规范行为。地市级及以下地方党委和政府应当依规依法加强对下级党委和政府及其有关部门生态环境保护工作的监督。

## 47. 中央生态环境保护督察的督察对象及内容是什么?

中央生态环境保护督察将始终坚持问题导向，按照“坚定、聚焦、精准、双查、引导、规范”的总体要求，以解决突出生态环境问题，改善生态环境质量，推动高质量发展为重点，不断夯实生态文明建设和生态环境保护政治责任。

中央生态环境保护例行督察的督察对象包括：省、自治区、直辖市党委和政府及其有关部门，并可以下沉至有关地市级党委和政府及其有关部门；承担重要生态环境保护职责的国务院有关部门；从事的生产经营活动对生态环境影响较大的有关中央企业；其他中央要求督察的单位。

中央生态环境保护例行督察的内容包括：学习贯彻落实习近平生态文明思想以及贯彻落实新发展理念、推动高质量发展情况；贯彻落实党中央、国务院生态文明建设和生态环境保护决策部署情况；国家生态环境保护法律法规、政策制度、标准规范、规划计划的贯彻落实情况；生态环境保护党政同责、一岗双责推进落实情况和长效机制建设情况；突出生态环境问题以及处理情况；生态环境质量呈现恶化趋势的区域流域以及整治情况；对人民群众反映的生态环境问题立行立改情况；生态环境问题立案、查处、移交、审判、执行等环节非法干预，以及不予配合等情况；其他需要督察的生态环境保护事项。

## 48. 什么是生态文明建设考核?

生态文明建设考核是深圳市委、市政府对各区、市直部门和重点企业履行生态环境保护“党政同责、一岗双责”、推进生态文明建设情况的考核事项，每年实施，也是全深圳市保留的四项“一票否决”考核事项之一。考核领导小组由深圳市委组织部主要领导、分管市领导分别任组长、副组长，考核办公室由深圳市委组织部、市生态环境局、发展改革委等相关部门组成，市生态环境局负责考核办公室日常工作。2007 年环保实绩考核开始，2013 年升级为生态文明建设考核，目前已稳定实施了 15 年。

生态文明建设考核按照深圳市各区、市直部门、重点企业进行分类考核。各区考核指标方面，结合国家、省目标考核指标体系，建立了各区目标评价和建设工作两大块指标，探索“双排名”制度，其中，目标评价以目标为导向，主要考核环境质量、生态保护、资源利用和公众参与四部分 16 项指标；工作考核内容主要以推进工作任务为导向，主要考核污染防治攻坚、生态保护修复、绿色低碳发展、工作实绩四部分 22 项内容。市直部门和重点企业考核内容包括推进生态文明建设重点工作、治污保洁工程完成情况、污染减排任务完成情况和生态文明建设工作实绩四大板块内容。生态文明建设考核有力推动了深圳市各区、市直部门和重点企业齐抓共管生态文明的良好局面，形成了生态环境保护合力，确保生态文明建设工作取得扎实成效。

## 49. 什么是“三线一单”？

“三线一单”是指以生态保护红线、环境质量底线、资源利用上线为基础，编制生态环境准入清单，力求用“线”管住空间布局、用“单”规范发展行为，构建生态环境分区管控体系的环境管理机制。

生态保护红线指在生态空间范围内具有特殊重要生态功能、必须强制性严格保护的区域；环境质量底线指结合环境质量现状和相关规划、功能区划要求，确定的分区域分阶段环境质量目标及相应的环境管控、污染物排放控制等要求；资源利用上线指以保障生态安全和改善环境质量为目的，结合自然资源开发管控，提出的分区域分阶段的资源开发利用总量、强度、效率等上线管控要求；生态环境准入清单则是指基于环境管控单元，统筹考虑“三线”的管控要求，提出的空间布局、污染物排放、环境风险、资源开发利用等方面禁止和限制的环境准入要求。

到 2021 年 12 月，我国所有省份、地市两级“三线一单”成果均完成政府发布，划定了 4 万多个环境管控单元，其中优先、重点、一般三类单元面积比例分别为 55.5%、14.5%和 30.0%，单元精度总体上达到了乡镇尺度，基本建立了覆盖全国的生态环境分区管控体系。

## 50. 什么是“三区三线”？

“三区”是指城镇空间、农业空间和生态空间三种类型的国土空间。其中，城镇空间是指以城市生产和生活为主要功能的国土空间，包括城市建筑空间、工矿建筑空间以及部分乡镇级公共设施的开发建设空间；农业空间是指以农业生产和农村生活为主要功能的国土空间，主要包括永久基本农田、普通农田等农业生产用地和村庄等农村生活用地；生态空间是指具有自然属性、以提供生态系统服务或生态产品为主要功能的国土空间，包括森林、草原、湿地、河流、湖泊、滩涂、荒地、荒漠等。

“三线”是指城镇开发边界、永久基本农田保护红线和生态保护红线三条控制线，分别对应城市空间、农业空间和生态空间而划定。城镇开发边界是指在一定时期内因城镇发展需要，可以进行城镇开发和集中建设的区域边界，包括城镇的现状建成区、优化开发区域以及根据城市发展需要进行规划控制的区域。永久基本农田保护红线是指在一定时期内，根据人口和社会经济发展对农产品的需求，依法确定的不得占用、不得建设、必须永久保护的耕地空间界限。生态保护红线是指在生态空间范围内具有特殊重要生态功能、必须强制性严格保护的陆域、水域、海域等区域，是维护和保持国家生态安全的底线和生命线。

## 51. 污染环境需要承担什么法律责任？

环境污染责任，是指污染者违反法律规定的义务，以作为或不作为方式，污染生活环境、生态环境，造成损害，依法不问过错，应当承担损害赔偿等法律责任的特殊侵权责任。

环境行政责任，是指违反了环境保护法，实现破坏或者污染环境的单位或者个人所应承担的行政方面的法律责任。行政处罚的种类主要有通报批评、警告、罚款、吊销许可证、限制生产、停产整顿、责令关闭等。

图 2-4　严打环境污染犯罪

环境民事责任，是指单位或者个人因污染或危害环境而侵害了公共财产或者他人的人身、财产所应承担的民事方面的责任。环境民事责任的构成要件有三个，一是实施了致害行为，二是发生了损害结果，三是致害行为与损害结果之间具有因果关系。根据《中华人民共和国民法典》《深圳经济特区生态环境公益诉讼规定》等相关规定，可以通过生态环境损害赔偿磋商或者提起生态环境民事公益诉讼的方式依法要求承担民事责任。

环境刑事责任，是指行为人故意或过失实施了严重危害环境的行为，并造成了人身伤亡或公私财产的严重损失，已经构成犯罪，要承担刑事制裁的法律责任。《中华人民共和国刑法》第六章第六节对构成破坏环境资源保护罪要承担的刑事责任作出了明确规定。

## 52. 什么是生态环境损害赔偿？

生态环境损害是指因污染环境、破坏生态，造成大气、地表水、地下水、土壤、森林等环境要素和植物、动物、微生物等生物要素的不利改变，以及上述要素构成的生态系统功能退化。

生态环境损害赔偿作为减轻生态环境损害的一种手段，是指义务人以赔偿的形式承担生态环境损害的法律责任。赔偿的范围包括治理污染的费用、恢复生态环境的费用、生态环境从遭到破坏至恢复完成之间的功能丧失造成的损失、生态环境受到永久性干扰造成的损失，调查、鉴定、评估生态环境损害赔偿的合理费用，以及为防止损害的发生和扩大而发生的费用。生态环境损害赔偿责任以恢复为基础，以货币赔偿为补充。

## 53. 什么是生态环境监督执法正面清单，企业如何纳入正面清单？

生态环境监督执法正面清单，是指由生态环境部门按照规定程序确定和调整的，可纳入减少现场检查、加大支持力度等正面激励措施的企事业单位和其他生产经营者名单。

在深圳市，符合下列情况可以纳入生态环境监督执法的正面清单：①符合生态环境区划控制“三线一单”的要求，环保手续齐全，污染防治设施完善，运行正常稳定；②遵纪守法情况良好，近两年内没有受到生态环境行政处罚；③对环境突发事件和风险进行管理；④按照排污许可证规定的内容、频率和时间进行自行监测，提交排污许可证执行情况报告，公开污染物排放信息；⑤按规定安装污染源自动监控设备并保持良好的工作状态，与生态环境部门联系，并有足够的、有效的远程可视和可追溯的异地监测设施。

## 54. 什么是环境污染强制责任保险？

环境污染强制责任保险，是指以企业事业单位和其他生产经营者污染环境导致损害应当承担的赔偿责任为保险标的的强制性保险。环境污染强制责任保险是具有社会保障功能的绿色保险，一是将环境应急、生态环境修复资金纳入理赔范围，环境可以得到及时修复；二是可减轻企业巨额赔偿压力，分散经营风险，促使快速恢复生产；三是促使受害人及时获得经济赔偿，稳定社会秩序。

## 55. 什么是环境信息公开？

环境信息公开是指依据和尊重公众知情权，政府和企业以及其他社会行为主体向公众通报和公开各自的环境行为，以利于公众参与和监督。

（1）政府环境信息公开

国务院生态环境主管部门统一发布国家环境质量、重点污染源监测信息及其他重大环境信息。省级以上人民政府生态环境主管部门定期发布环境状况公报。县级以上人民政府生态环境主管部门和其他负有生态环境监督管理职责的部门，应当依法公开环境质量、环境监测、突发环境事件以及环境行政许可、行政处罚、排污费的征收和使用情况等信息。

（2）企业环境信息公开

下列企业应当开展环境信息强制性披露：重点排污单位，实施强制性清洁生产审核的企业，因生态环境违法行为被追究刑事责任或者受到重大行政处罚的上市公司、发债企业，法律法规等规定应当开展环境信息强制性披露的其他企业事业单位。

## 56. 什么是生产者责任延伸制度?

生产者责任延伸制度（Extended Producer Responsibility，EPR），是指将生产者对其产品承担的资源环境责任，从生产环节延伸到产品设计、流通消费、回收利用、废物处置等全生命周期的制度。实施生产者责任延伸制度，是加快生态文明建设、促进绿色循环低碳发展的内在要求，对推进供给侧结构性改革和制造业转型升级具有积极意义。2016 年，国务院办公厅印发《生产者责任延伸制度推行方案》，提出到 2025 年，生产者责任延伸制度相关法律法规基本完善，重点领域生产者责任延伸制度运行有序，产品生态设计普遍推行，重点产品的再生原料使用比例达到 20%，废弃产品规范回收与循环利用率平均达到 50%。该方案将生产者责任延伸的范围界定为开展生态设计、使用再生原料、规范回收利用和加强信息公开四个方面，率先对电器电子、汽车、铅酸蓄电池和包装物等 4 类产品实施生产者责任延伸制度，并明确了各类产品的重点。

## 57. 什么是产品环保强制性地方标准?

产品环保强制性地方标准，是指可以对产品的原材料、生产加工过程、有害物质限量等提出精准科学、适当严格、迭代优化等制定严于国家标准的强制性技术要求。

为落实《深圳建设中国特色社会主义先行示范区综合改革试点实施方案（2020—2025 年）》改革任务要求，深圳市生态环境局和深圳市市场监督管理局联合印发了《深圳市产品环保强制性地方标准改革实施方案》，明确深圳市可以制定严于国家标准的产品环保强制性地方标准。该项改革措施是深圳市立足“双区”（粤港澳大湾区和社会主义先行示范区）建设的新形势、新理念、新要求而实施的，深圳市在全国率先构建兼具前瞻性、创新性和可操作性的产品环保强制性地方标准管理体系，可以有序引导和督促深圳市生产环节和消费环节的绿色低碳转型，持续推动减污降碳协同增效，从而实现社会经济高质量发展、生态环境高水平保护。目前首批试点标准《建筑装饰装修涂料与胶粘剂有害物质限量》和《微电子和电子组装用清洗剂中挥发性有机物和特定有害物质限量》已完成草案编制并启动征求意见工作，第二批试点标准《车用汽油环保技术要求》和《车用柴油环保技术要求》已正式立项。

## 58. 什么是环保主任？

环保主任是指在污染源公司（包括公园管理部门和公共有限公司等）负责或直接负责环境问题的人。原则上，公司有义务任命在环境保护领域具有一定环保知识水平和环境技能的员工担任环保主任，并接受当地生态环境部门组织的培训。环保主任的职责包括遵守相关法规，预防和控制污染，监管设施，行使保障环境安全的责任，并与生态环境部门合作，处理合规和检查问题。

## 59. 什么是生态环境公益诉讼？

生态环境公益诉讼即与生态环境保护有关的公益诉讼，是指由于自然人、法人或者其他组织的违法行为或者不作为，使环境公共利益遭受侵害时，法律允许其他法人、自然人或者社会组织为维护公共利益向人民法院提起的诉讼。生态环境公益诉讼的利益属于社会，诉讼成本由社会承担，因此，原告可以在提起诉讼时缓缴诉讼费，如果判决原告败诉，原告仍应支付诉讼费，以防止诉讼权利被滥用，若判决被告败诉，则由被告承担诉讼费。

生态环境公益诉讼可分为生态环境民事公益诉讼和生态环境行政公益诉讼。生态环境民事公益诉讼是指法律规定的机关和有关团体，对污染环境、破坏生态造成实际损害或者具有重大损害风险的行为，向人民法院提起的民事诉讼。生态环境行政公益诉讼是指人民检察院在履行职责中发现对生态环境和资源保护负有监督管理职责的行政机关不依法履行职责的，向人民法院提起的行政诉讼。

## 60. 什么是清洁生产？

清洁生产是一种创造性的思想，它反思了过去主要局限于末端治理的污染治理模式，强调从源头上积极预防和减少污染物的产生。根据《中华人民共和国清洁生产促进法》，清洁生产是指不断采取改进设计、使用清洁能源和原材料、引进先进的工艺技术与设备、改善管理、综合利用等措施，从源头上削减污染，提高资源利用效率，减少或者避免生产、服务和产品使用过程中污染物的产生和排放，以减轻或者消除对人类健康和环境的危害。因此，智能制造清洁生产可以从三个方面具体理解：一是使用清洁的原材料和能源，杜绝使用有毒有害的原材料，从源头上减少污染物的产生和排放；二是在生产过程中最大限度地利用能源和原材料，在工厂内最大限度地回收原材料，引进先进的生产工艺和设备，减少泄漏、烟尘、滴漏和材料损失；三是生产清洁产品，产品应具有尽可能长的使用寿命，在使用过程中不损害人类健康和环境，一旦产品被处理掉，应有助于回收或无害环境的处置。

# 61. 什么是清洁生产审核?

清洁生产审核是指按照一定程序，对生产和服务过程进行调查和诊断，找出能耗高、物耗高、污染重的原因，提出降低能耗、物耗、废物产生以及减少有毒有害物料的使用、产生和废弃物资源化利用的方案，进而选定并实施技术经济及环境可行的清洁生产方案的过程。清洁生产审核的目的是节能、降耗、减污、增效。节能是减少水、电、蒸汽、燃油等能源的消耗；降耗是减少物料浪费，提高资源利用效率；减污是减少污染物排放、降低污染物的毒害性；增效是降低生产成本，增加经济效益和环境效益。

清洁生产审核分为自愿性清洁生产审核和强制性清洁生产审核两类，自愿性清洁生产审核是指企业自愿提出开展清洁生产审核申请；强制性清洁生产审核由市生态环境部门和市工信部门根据法律标准及实际情况，确定并发布强制性清洁生产审核名单。

自愿性清洁生产以及因超过单产品能源消耗限额标准构成高耗能而实施强制性清洁生产的企业，由市工信部门负责审核工作的组织、协调、指导和监督；其余实施强制性清洁生产的企业由市生态环境部门负责审核工作的组织、协调、指导和监督。

深圳市强制性清洁生产审核的对象主要分为以下三类：

（1）污染物排放超过国家或者广东省规定的排放标准，或者虽未超过国家或者广东省规定的排放标准，但超过重点污染物排放总量控制指标的；

（2）超过单位产品能源消耗限额标准构成高耗能的；

（3）使用有毒有害原料进行生产或者在生产中排放有毒有害物质的。有毒有害物质包括：①列入《国家危险废物名录》的危险废物，以及根据国家规定的危险废物鉴别标准和鉴别方法认定的具有危险特性的废物；②剧毒化学品、列入《重点环境管理危险化学品目录》的化学品，以及含有上述化学品的物质；③含有铅、汞、镉、铬等重金属和类金属砷的物质；④《关于持久性有机污染物的斯德哥尔摩公约》附件所列物质；⑤其他具有毒性、可能污染环境的物质。

## 62. 什么是绿色经济？

绿色经济是一种新型的经济形态，是以市场为导向、以传统产业经济为基础、以经济与环境的和谐为目的而发展起来的一种新的经济形式，是产业经济为适应人类环保与健康需要而产生并表现出来的一种发展状态。狭义的绿色经济仅指绿色产业，包括环境产品、环境服务、资源综合管理和污染控制。广义的绿色经济除上述内容外，还包括清洁技术和清洁产品、清洁能源、节能技术、生态设计和其他产品生命周期服务。广义的绿色经济不仅包括上述产业和部门，还包括生产之外的其他绿色制度和行为，如绿色消费和公共采购、绿色贸易和金融、绿色税收和金融、绿色会计和审计等。根据联合国环境规划署的规定，绿色经济包括八个方面：环境基础设施建设、生态系统基础设施建设、清洁技术、可再生能源、废物管理、生物多样性保护、绿色建筑、可持续交通。

图 2-5　绿色经济

## 63. 什么是绿色产品？

2016 年，国务院办公厅印发《关于建立统一的绿色产品标准、认证、标识体系的意见》，要求按照统一目录、统一标准、统一评价、统一标识的方针，将现有环保、节能、节水、循环、低碳、再生、有机等产品整合为绿色产品，建立系统科学、开放融合、指标先进、权威统一的绿色产品标准、认证、标识体系，健全法律法规和配套政策，实现一类产品、一个标准、一个清单、一次认证、一个标识的体系整合目标。目前我国已经公布了一系列的绿色产品标准清单，例如，《绿色产品评价——塑料制品》（GB/T 37866—2019）。经过具有相关资质的单位根据相关标准认证后，产品可以使用绿色产品标识。

图 2-6　绿色产品标识

（左：基本标识，用于列入绿色产品认证目录并获得绿色产品认证的产品；
右：用于获得节能、低碳、节水、环保等部分绿色属性认证的产品）

## 64. 什么是循环经济?

传统的经济模式是一种“单流”经济体系，即资源开采→生产→消费→废弃，这种经济模式不断消耗自然资源，积累废物，破坏环境，不能保证人类社会的可持续发展。相反，循环经济是按照自然生态系统的物质循环和能量流动规律重塑经济体系，使经济体系和谐地融入自然生态系统的物质循环，形成新的经济形态。在可持续发展理念的引领下，循环经济是一个按照清洁生产方式综合利用能源及其废弃物的生产活动过程，它要求经济活动形成资源开发→生产→消费→废弃物→资源再生的循环，其特点是将区域内的主要经济活动有机地交织在一起，将上游企业的废弃物变成下游企业的原材料，从而实现经济活动的低消耗和低排放。

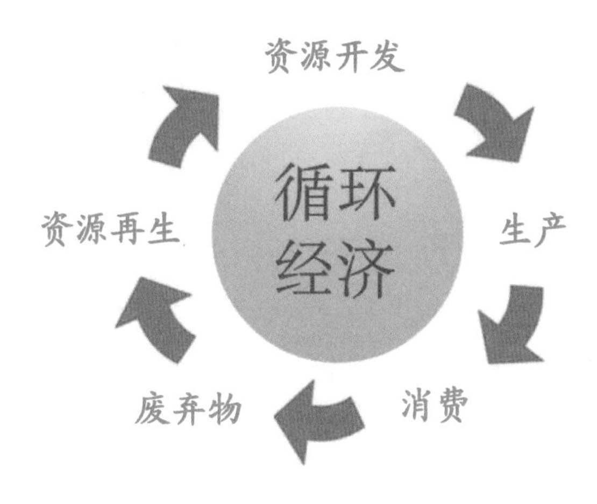


图 2-7 循环经济

## 65. 什么是 ISO 环境管理体系？

ISO 环境管理体系，是国际标准化组织（ISO）制定的、针对企业质量体系的一种认证制度。ISO 14000 系列标准是一套环境管理框架文件，旨在加强组织（公司、企业）的环境意识、管理能力和保障措施，从而改善环境质量。ISO 9000 质量体系标准和 ISO 14000 环境管理体系标准对组织（公司、企业）的许多要求是共同的，这两套标准可以一起使用。ISO 14000 是组织（公司、企业）自愿采用的标准，是组织（公司、企业）的自觉行为。在我国，采取第三方独立认证来验证组织（公司、企业）对环境因素的管理是否达到了改善环境质量的目的，是否在满足相关方要求的同时，也满足了社会对环境保护的要求。

## 66. 什么是低碳经济?

低碳经济是基于可持续发展理念，运用技术创新、制度创新、产业转型、新能源开发等多种手段，最大限度地减少煤炭、石油等高碳能源的消耗，减少温室气体排放，实现经济社会发展与环境保护双赢的一种经济发展形式。发展低碳经济，一方面是积极承担保护环境的责任，完成国家节能降耗目标；另一方面是调整经济结构，提高能源效率，发展新兴产业，建设生态文明。摒弃以前污染先于清理、低级到高级、原料到集约的发展模式，是实现经济发展与资源环境保护双赢的必然选择。

## 67. 深圳市为什么要开展绿色产业认定?

绿色产业是以可持续发展为宗旨，坚持环境、经济和社会协调发展，达到生态和经济两个系统的良性循环，实现经济效益、生态效益、社会效益相统一的产业模式。2019 年 2 月，国家发展改革委等 7 部委联合印发《绿色产业指导目录（2019 年版）》，涵盖节能环保产业、清洁生产产业、清洁能源产业、生态环境产业、基础设施绿色升级、绿色服务六个大类，明确界定了绿色产业边界，同时要求各地方根据各自领域、区域的发展重点，制定绿色产业标准，逐步建立绿色产业认定机制。《中共中央 国务院关于支持深圳市建设中国特色社会主义先行示范区的意见》《深圳建设中国特色社会主义先行示范区综合改革试点实施方案（2020—2025 年）》要求深圳市“大力发展绿色产业”和“建立绿色产业认定规则体系”。建立符合深圳市实际情况的绿色产业认定评价标准体系是构建绿色产业认定规则体系的重要前提。

## 68. 什么是深圳市的“1+10”生态环境信访制度体系?

信访投诉是群众参与社会治理的重要途径，是发现和解决群众身边突出生态环境问题的有力抓手。随着深圳市经济、城市的高速发展，涉及的环境问题增多，来自群众环境诉求的压力继续加大，迫切需要从制度设计上建立健全环境信访工作责任，制定和完善环境信访专项工作制度，以规范环境信访处理，保障环境信访工作有序进行。深圳市形成了以《深圳市生态环境局生态环境信访管理办法》为核心，以领导包案、领导接访、信访考核、排查化解、督查督办、信访约谈、信访复查、有奖举报、案件办理审核、信访依法分类规程等10项专项工作制度为基础的“1+10”生态环境信访制度体系，推动全市环境信访工作高质量发展。

# 第三篇

# 生态保护

## 69. 生态系统有哪些类型?

生物群落与其无机环境之间的相互作用所形成的统一整体被称为生态系统。生态系统可大可小，相互关联。在一个生态系统中，生物体和它们的环境在一个动态平衡中相互作用，相互包含，在一段时间内是相对稳定的。生态系统可分为自然生态系统和人工生态系统。自然生态系统可分为两类：陆地生态系统和水生生态系统。陆地生态系统包括森林生态系统、草原生态系统、沙漠生态系统、苔原生态系统和其他类型。水生生态系统包括海洋生态系统和淡水生态系统，而淡水生态系统又进一步细分为河口生态系统、湖泊生态系统、河流生态系统等。人工生态系统包括农田生态系统、种植园生态系统、果园生态系统、城市生态系统等。地球上最大的生态系统是生物圈。

## 70. 生态系统的结构如何?

一个生态系统的结构包括其组成部分和营养结构。

生态系统由以下部分组成：非生物物质和能量、生产者、消费者和分解者。非生物物质和能量包括阳光、热量、水、空气和无机盐；生产者是自养生物，主要是绿色植物和一些自养微生物；消费者主要是动物，包括植食动物、肉食动物、杂食动物和寄生虫；分解者是细菌和真菌，它们将植物和动物遗体的有机物分解为无机物。

生态系统的营养结构是指生态系统中生物之间，以及生产者、消费者和分解者之间，以食物营养为纽带形成的食物链和食物网。生态系统中物质的循环和能量的流动是通过食物链和食物网进行的。一般来说，一个生态系统中的食物链越多，其食物网就越复杂，抵御外部干扰和保持自身稳定的能力就越强。

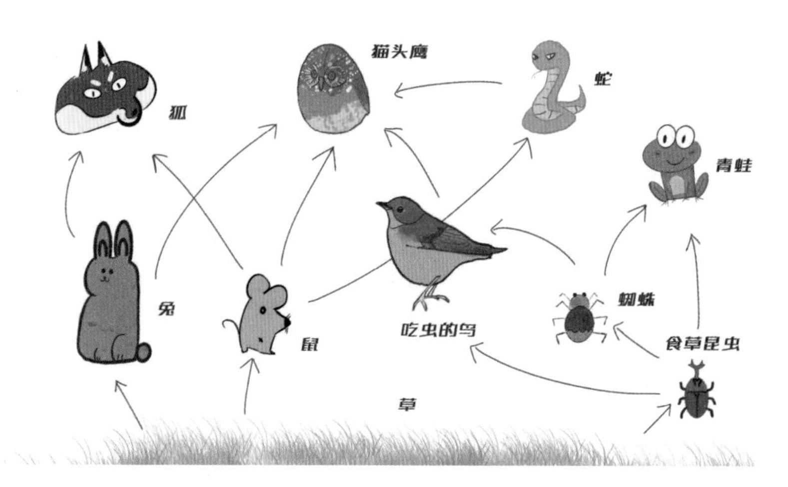


图 3-1　生态系统

## 71. 如何衡量生态系统的健康状况？

生态系统健康标准包括防御功能指标、物种多样性、生物量、互利共生微生物的数量、抵御外来物种入侵、污染物排放、营养物质流失与否、群落呼吸、转化和分解率、元素循环等 10 个方面，分属于生物物理、社会经济、人类健康范畴，在一定程度上也包括空间。具体指标含义如下：

（1）防御功能指标。一个健康的生态系统具有防虫、防风、防旱、防火和其他功能。如果一些绿色植物的防御性次生代谢物减少，就容易发生疾病。此外，容易被啮齿动物和害虫入侵、初级生产力下降的生态系统也是不健康的。

（2）物种多样性。生物多样性差，极端的例子包括向单一优势物种转变，或物种成分向耐压的物种或 r-对策者（发育快、成体小、后代数量大、个体小、生殖能量产量高、世代周期短的物种）转变，这样的生态系统是不健康的。反之则是健康的。

（3）生物量。生物量是衡量生态系统健康与否的一个重要指标。在健康状况下，生物量尤其是初级生产者的质量，是不断累积的，而退化的生态系统则表现为净初级生产力和生物量明显下降。

（4）互利共生微生物的数量。如果互利共生微生物的数量减少，生态系统是不健康的；对生物生长不利的微生物数量增多也是不健康的。反之，是健康的。

（5）抵御外来物种入侵。如果一个生态系统不能抵御外来物种的入侵，就会降低系统的波动性和稳定性，生态系统就不健康了。反之则为健康。

（6）污染物排放。湖泊富营养化、海洋赤潮、大气和固体废物等负效应都是生态系统不健康的直接表现。

表 3-1　生态系统健康状况对比

| 重要衡量指标＼生态系统状况 | 健康的生态系统 | 不健康的生态系统 |
| --- | --- | --- |
| 防御功能指标 | 具有防虫、防风、防旱、防火的功能 | 一些绿色植物防御性次生代谢物减少，容易感染病害；生态系统易受鼠害和虫害威胁，初级生产力下降 |
| 物种多样性 | 物种多样性程度高 | 生物多样性贫乏，极端的例子是转变成单一优势种或物种组分向具有忍受压力的物种或r-对策者转变 |
| 生物量 | 生物量尤其是初级生产者的质量，是不断累积的 | 净初级生产力和生物量均呈下降趋势 |
| 互利共生微生物的数量 | 互利共生微生物数量稳定 | 互利共生微生物数量减少；对生物生长不利的微生物数量增多 |
| 抵御外来物种入侵 | 系统波动性及稳定性水平高 | 系统波动性及稳定性下降 |
| 污染物排放 | 污染物排放较少 | 湖泊富营养化、海洋赤潮、大气和固体废物等负效应 |
| 营养物流失与否 | 具有积累并利用营养物质的功能 | 生态系统中限制植物生长的营养物质的流失量增加 |
| 群落呼吸 | 植物体或生物群落的呼吸量稳定 | 植物体或生物群落的呼吸量明显增加 |
| 转化和分解率 | 枯枝落叶层的积累增加 | 生态系统中产品的转化率和分解率增加，系统中的养分损失 |
| 元素循环 | 元素可以自然循环，一些营养物质（如碳、氮等）会积累起来 | 系统水分和营养物质流失严重，土壤物理化学条件恶化，生态平衡失衡，以非良性循环为主导 |

（7）营养物质流失与否。健康的生态系统具有积累并利用营养物质的功能。如果一个生态系统中营养物质的流失增加，限制了植

物的生长，那么这个生态系统就是不健康的；反之，是健康的。

（8）群落呼吸。植物体或生物群落的呼吸量明显增加，表明生态系统已经退化，否则就是健康的。

（9）转化率和分解率。如果生态系统内产品的转化和分解率增加，系统中的营养物质流失，则生态系统是不健康的；反之，枯叶在垃圾层中的积累增加，则是健康的。

（10）元素循环。在一个水分和养分损失严重、土壤物理化学条件恶化、生态平衡被破坏的系统中，质量差的循环占主导地位，这样的生态系统是不健康的；而在一个健康的生态系统中，元素可以自然循环，一些营养物质（如碳、氮等）会积累。

总体来说，生态系统健康的指标是多尺度的和动态的，它具有结构（组织）、功能（生存能力）和适应性（灵活性），是系统健康的具体表现。一个健康的生态系统应该是自我维持、自我修复、完全不受人类干预而自然存在并具有生命力的。

## 72. 什么是生态环境状况指数？

生态环境状况指数（EI）用于评价区域生态环境状况，由生物丰度指数、植被覆盖指数、水网密度指数、土地退化指数、污染负荷指数组成，数值范围为 0～100。根据生态环境状况指数将生态环境分为 5 级，即优（EI≥75）、良（55≤EI＜75）、一般（35≤EI＜55）、较差（20≤EI＜35）和差（EI＜20）。

## 73. 什么是区域空间生态环境评价？

区域空间生态环境评价是指由深圳市各区人民政府组织的指导区域空间合理开发的一种方法与制度。区域空间生态环境评价以改善区域生态环境质量和保障区域生态安全为核心，以深圳市“三线一单”生态环境分区管控体系为基础，衔接国民经济和社会发展规划、国土空间规划、产业规划等内容，划定生态环境管控区域评价单元，对生态环境管控区域评价单元的生态环境影响进行系统评价，提出区域空间生态环境管理要求。

## 74. 什么是生态系统生产总值？

生态系统生产总值（Gross Ecosystem Product，GEP）是指一定时期、空间范围内生态系统为人类福祉和经济社会可持续发展所提供的各种最终产品和服务的总价值。生态系统生产总值可以用生态系统产品产量与生态系统服务量来表示。在生态系统服务功能价值评估中，通常将生态系统产品的价值称为直接使用价值，将调节服务和文化服务的价值称为间接使用价值。

《中共中央 国务院关于支持深圳市建设中国特色社会主义先行示范区的意见》中提出，深圳市应开展GEP核算。2021年，深圳市发布了地方标准《深圳市生态系统生产总值核算技术规范》

（DB4403/T 141—2021）。

深圳市 2021 年度 GEP 为 1363.87 亿元，其中物质产品价值为 12.61 亿元，调节服务价值为 676.81 亿元，文化旅游服务价值为 674.44 亿元，占比分别为 0.92%、49.63%和 49.45%。调节服务和文化旅游服务是深圳生态系统提供的主要服务功能。深圳市单位面积 GEP 为 0.68 亿元/$km^2$。

## 75. 什么是生态产品价值实现?

生态产品价值实现是指在严格保护生态环境的前提下，将良好生态环境蕴含的生态价值转化为经济价值，促进生态优势转化为经济优势的过程。

可通过政策机制创新、市场机制创新与技术创新将生态产品的生态经济价值转化为经济效益，让生态产品提供者获得经济利益，促进生态产品的可持续供给，最终促进人与自然和谐发展。

可从畅通生态产品价值实现环节、强化生态补偿顶层设计、完善绿色金融服务体系、增强基层创新政策激励等方面完善生态产品价值实现机制。

## 76. 什么是生态保护补偿机制?

2021 年 9 月，中共中央办公厅、国务院办公厅印发《关于深化生态保护补偿制度改革的意见》指出，生态保护补偿制度作为生态文明制度的重要组成部分，是落实生态保护权责、调动各方参与生态保护积极性、推进生态文明建设的重要手段。生态保护补偿是在综合考虑生态保护成本、发展机会成本和生态服务价值的基础上，采取财政转移支付或市场交易等方式，对生态保护者给予合理补偿的激励性制度安排。

生态保护补偿的支付方法包括：①货币补偿，即补偿金、奖励金、补贴、税收减免或退税、贴息、加速折旧等；②实物补偿，即给予受偿主体一定的物质产品、土地使用权以改善其生活条件，增强其生产能力（如生态移民补偿）；③智力补偿，即给予受偿主体生产技术或经营管理方面的咨询服务，增强其生产经营能力；④政策补偿，即给予受偿者优惠政策；⑤项目补偿，即给予受偿者特定生态工程或项目的建设权。

生态保护补偿基金的来源：自组织的私人交易；开放的市场贸易（如碳汇交易）；生态认证或生态标识（消费者在购买商品时以高于普通商品的价格来购买经认证的生态友好型产品）；直接的公共财政支付（如对财产权人进行土地保护、水土保持、生物资源保护等行为直接给予资金补助）。

## 77. 什么是生物多样性？为什么要保护生物多样性？

生物多样性是由生物体（动物、植物、微生物）及其环境以及与之相关的各种生态过程形成的一组生态复合体。生物多样性包括生态系统多样性、物种多样性、遗传多样性。

生物多样性保证了我们的生存和发展。首先，它是我们最重要的资源基础，提供食物、纤维、木材、药材和各种工业原料；其次，生物多样性对维持土壤肥力、水质和气候调节很重要；再次，生物多样性对调节大气的组成、地球表面的温度和沉积物的组成很重要，维持生物多样性有利于保护一些稀有和受威胁的物种；最后，生物多样性有利于维持地球的生态系统。可以说，生物多样性是维持生态平衡的根本。

然而，根据联合国的报告，由于土地和海洋使用的变化、生物资源的使用、气候变化、污染和外来物种入侵等因素，目前世界范围内物种灭绝的速度正在加快，生物多样性的丧失和生态系统的退化对人类的生存和发展构成了严重威胁。人与自然同呼吸共命运，我们必须高度重视生物多样性，在发展和保护中共同努力，采取紧急行动，保护生物多样性，建设万物和谐的美好家园。保护生物多样性是建设生态文明的重要内容，是推动高质量发展的重要环节。

## 78. 什么是生物多样性主流化?

生物多样性主流化是指将生物多样性纳入各级政府的政治、经济、社会、军事、文化及生态环境保护、自然资源管理等发展建设主流的过程。可以说生物多样性主流化是最有效的生物多样性保护与可持续利用措施之一。通过生物多样性的主流化，将生物多样性纳入经济、社会发展的主流，从而避免先破坏后保护，做到防患于未然，使生物多样性保护与经济发展得以同步进行。生物多样性主流化，实现了生物多样性保护由行政命令向综合运用法律、经济、技术和必要的行政办法的转变，可以从根本上解决生物多样性的保护与可持续利用问题。

## 79. 保护生物多样性有哪些措施？

就地保护：为了保护生物多样性，把包含保护对象在内的一定面积的陆地或水体划分出来，进行保护和管理。比如，建立自然保护区实行就地保护。

迁地保护：在生物多样性分布的异地，通过建立动物园、植物园、树木园、野生动物园、种子库、基因库、水族馆等不同形式的保护设施，对那些比较珍贵的物种、具有观赏价值的物种或其基因实施人工辅助保护。

建立基因库：人类已经开始建立基因库，以实现保存物种的愿望。

构建法律体系：人类必须运用法律手段，完善相关法律制度，以保护生物多样性。

## 80.《生物多样性公约》有什么作用?

《生物多样性公约》是一项保护地球生物资源的国际公约，于1992年6月1日在肯尼亚内罗毕通过，于1993年12月29日正式生效。中国于1992年6月11日签署该公约，是早早签署该公约的国家之一。目前，已有196个国家签署了《生物多样性公约》，使其成为世界上签署国最多的国际环境公约。缔约方大会是《生物多样性公约》的最高审议和决策机制，每两年召开一次。《生物多样性公约》第十五次缔约方大会（CBD COP15）于2021年在我国云南省昆明市举行。

根据该公约，参与国政府有义务保护和可持续利用生物多样性，政府必须制订国家生物多样性战略和行动计划，并将其纳入更广泛的国家环境和发展计划。其他承诺包括建立自然保护区、防止生物入侵、增加公众参与和控制生物技术风险。

## 81. 什么是物种濒危等级?

世界自然保护联盟（IUCN）以及各个国家和地区对受威胁物种的分类标准不同，造成受威胁物种的概念和评估指标不同。不同的国家、地区和组织有不同的分类方法和指标来划分濒危物种等级，从而形成了各自的划分体系和等级名称。濒危物种的分类始于 20 世纪 60 年代编制的《世界自然保护联盟濒危物种红色名录》，最新版本的《世界自然保护联盟物种红色名录濒危等级和标准》（3.1 版）将物种按严重程度由高到低划分为 9 个等级。

（1）灭绝（EX）：如果没有理由怀疑一分类单元的最后一个个体已经死亡，则认为该分类单元已经灭绝。

（2）野外灭绝（EW）：如果已知一分类单元只生活在栽培和圈养的条件下，或者作为自然化种群（种群）生活在远离其原栖息地的地方，则该分类单元被认为在野外已经灭绝。

（3）极危（CR）：如果一分类单元的野生种群面临即将灭绝的概率非常高，则被列为极危。

（4）濒危（EN）：如果一分类单元没有达到极危的标准，但其野生种群在不久的将来很有可能灭绝，则被列为濒危。

（5）易危（VU）：如果一分类单元没有达到极危或濒危的标准，但其野生种群在未来某个时间内很可能灭绝，则被归类为易危。

（6）近危（NT）：如果一分类单元不符合极危、濒危或易危的标准，但在未来某个时间内接近达到或可能达到威胁程度，则被归类为近危。

（7）无危（LC）：如果一分类单元不符合极危、濒危、易危或近危的标准，则被列为关注物种，即未受威胁。

（8）数据缺乏（DD）：如果没有足够的信息来直接或间接地确定一分类单元的分布或种群状况，以评估其灭绝的风险，则该分类单元被视为数据缺乏。

（9）未予评估（NE）。如果一分类单元没有按照本标准进行评估，则被列为未予评估。

## 82. 什么是重点保护野生物种？

为了保护、发展和合理利用野生动植物资源，保护生物多样性，维护生态平衡，需要对一些具有重要生态价值、经济价值或者濒危的物种进行特殊保护。《中华人民共和国野生动物保护法》将国家重点保护野生动物分为国家一级保护野生动物和国家二级保护野生动物两种，并在其他条文中规定了不同的管理措施。类似地，《中华人民共和国野生植物保护条例》将国家重点保护野生植物分为国家一级保护野生植物和国家二级保护野生植物。我国《国家重点保护野生动物名录》《国家重点保护野生植物名录》会收录需要保护的野生动植物物种，并不定期更新。典型的国家一级保护野生动物有金丝猴、大熊猫、虎、藏羚等；典型的国家二级保护野生动物有灰狼、黑熊、天鹅等。典型的国家一级保护野生植物有苏铁、荷叶铁线蕨等；典型的国家二级保护野生植物有雪莲、千枝杜鹃、海南兰花蕉等。

## 83. 什么是本土物种、外来物种和入侵物种？

本土物种是指纯粹由于自然因素而生活在某一特定区域的物

种。这些物种的生长没有受到人类行为或干预的影响。通过自然传播而到达新的地区，并适应其环境的物种也称为本土物种。自然转播是指通过自然或者自身的力量传播，比如植物的种子被风吹到新的区域，或者动物从一个地方迁徙到另一个地方。

外来物种是指那些出现在其过去或现在的自然分布范围和扩散潜力以外的物种、亚种或以下的分类单元，包括其可能存活、继而繁殖的所有部分，即种子、卵、孢子或其他繁殖体。外来物种通过有意或无意的人类活动传播到新的地区。

入侵物种属于外来物种，会对当地造成巨大的经济和环境危害，但并不是所有的外来物种都是入侵物种。例如，我国目前广泛栽培与养殖的一些物种，如玉米、马铃薯、番茄和一些引进的养殖动物等，这些虽然都是外来物种，但却不属于入侵物种。衡量一个外来物种是否属于入侵物种，主要有四个参考因素：①该物种的繁殖速度；②该物种的传播能力；③该物种喜好的食物在当地的数量；④该物种的天敌在当地的数量。一般来说，繁殖速度越快、传播能力越强、喜好食物在当地分布越多的物种，入侵的可能越大；当地天敌数量越少的物种，入侵的可能越大。例如，红脂大小蠹在其家乡北美洲并不具有强大的破坏力，因为它们只危害“老弱病残”的树木，而在我国，它们广泛分散、繁殖力强，能够危害健康的松树，而且我国没有红脂大小蠹的捕食者和病原体，因此它们属于入侵物种。

## 84. 自然保护地和自然保护区有什么区别?

自然保护地是为实现特定保护目标而规划、调整或管理的地理区域。自然保护区是指对有代表性的自然生态系统、珍稀濒危野生动植物的天然集中分布区、有特殊意义的自然遗迹等保护对象所在的陆地、陆地水域或海域，依法划出一定面积予以特殊保护和管理的区域。

目前，我国的自然保护地包括国家公园、自然保护区、自然公园三类。我国的自然保护区分为自然生态系统类、野生生物类和自然遗迹类三类。

## 85. 什么是湿地?

湿地是陆地生态系统和水生生态系统之间的过渡地带。《关于特别是作为水禽栖息地的国际重要湿地公约》(简称《湿地公约》)将湿地定义为：天然的或人工的、长久的或暂时的沼泽地、湿原、泥炭地或水域地，拥有静态的或流动的、或为淡水、半咸水、咸水水体，包括低潮时水深不超过 6 m 的水域。湿地可以分为五种类型：近海及海岸湿地、河流湿地、湖泊湿地、沼泽湿地、库塘。湿地是地球生态环境的重要组成部分，与森林、海洋并称全球三大生态系统。

图 3-2 湿地生态系统

## 86. 湿地有什么作用?

湿地是水生生态系统的一个重要组成部分。除了具有蓄洪防旱、调节气候、美化环境和维护生物多样性的功能，它们还是“淡水库”和“淡水净化器”。例如，黄河干流枯水期 40%的水和丰水期 26%的水都来自若尔盖湿地。当含有毒物和杂质的废水（农药、生活污水和工业排放物）通过湿地时，流速减慢，这有助于沉淀和清除毒物和杂质。人工湿地可以作为生活污水的小型处理场所。湿地生态系统的具体作用包括：①提供水源；②补充地下水；③调节流量和防洪；④保护堤岸和防风；⑤清除和转化毒物、杂质；⑥保留营养物质；⑦防止盐水入侵；⑧提供各种有用的资源，如木材、药材、动物皮革、肉蛋、鱼虾、牧草、水果、芦苇等；⑨维护小气候；⑩为野生动物提供栖息地；⑪航运，湿地的开阔水域提供了一个可航行的环境，对航行很重要；⑫观光与旅游；⑬教育和研究价值。

## 87. 我国河流生态环境存在哪些问题？

我国七大流域水生态环境面临的主要问题各有不同：长江流域水生生物多样性下降，沿江水环境风险高，大型湖库富营养化加剧；黄河流域高耗水发展方式与水资源短缺并存，生态环境脆弱；珠江流域城市水体防止返黑返臭压力大，中游重金属污染风险高；松花江流域城镇基础设施建设短板明显，农业种植、养殖污染量大面广；淮河流域水利设施多、水系连通性差，农业面源污染防治压力大；海河流域生态流量严重不足，水污染严重；辽河流域水环境质量改善成效不稳固，生态流量保障不足。

七大流域的问题可概括为五个方面：①地表水环境质量改善存在不平衡性和不协调性；②水资源不均衡且高耗水发展方式尚未根本转变；③水生态环境遭破坏现象较为普遍；④水生态环境仍存在安全风险；⑤治理体系和治理能力现代化水平与发展需求不匹配。

## 88. 我国湖泊生态环境存在哪些问题？

湖泊与湿地面积持续减少，已经成为我国近年来面积丧失速度最快的自然生态系统。此外，我国湖泊还面临以下问题：

（1）水质恶化，水体富营养化普遍

我国东部、东北和云贵高原的湖泊中有 85.4%超过了富营养化标准，其中达到重度富营养化标准的占 40.1%。此外，西北部的湖泊普遍咸化、碱化，水质呈持续下降趋势。

（2）生物资源退化，致使生态灾害频发

湖泊与湿地生态不断退化，表现为鱼类资源种类减少、数量大幅下降，水生植物与底栖生物分布范围缩小，生物多样性下降。随着湖泊富营养化加重，藻类等浮游植物大量繁殖并不断集聚，湖泊生态灾害频繁发生。

（3）不合理利用问题突出，导致生态服务功能急剧下降

主要威胁因素为污染、过度捕捞、围垦、外来物种入侵、基建占用以及气候变暖。

## 89. 如何评价湖库营养状态？

湖库营养状态评价采用综合营养状态指数法［TLI（Σ）］。评价指标为叶绿素 a（Chl-a）、总磷（TP）、总氮（TN）、透明度（SD）和高锰酸盐指数（$COD_{Mn}$）5 项。TLI（Σ）的计算过程：第 1 步，根据各评价指标之间的相关系数计算各评价指标的营养状态指数权重；第 2 步，计算单个评价指标的营养状态指数；第 3 步，根据各评价指标的营养状态指数的权重和单个指标营养状态指数计

算综合营养状态指数。最后，采用 0～100 的一系列连续数字对湖库营养状态进行分级，分级标准为：TLI（Σ）＜30，贫营养；30≤TLI（Σ）≤50，中营养；TLI（Σ）＞50，富营养，其中 50＜TLI（Σ）≤60 为轻度富营养、60＜TLI（Σ）≤70 为中度富营养、TLI（Σ）＞70 为重度富营养。

## 90. 什么是富营养化？

人类活动导致生物体所需的氮和磷等营养物质大量进入湖泊、河口和海湾等缓慢流动的水体，使藻类等浮游生物迅速繁殖，水体中溶解氧含量下降，水质恶化，鱼类和其他生物大量死亡，这种现象被称为富营养化。

富营养化水体中过量的氮和磷积累，导致藻类爆炸性增长，藻类物种，主要是硅藻、绿藻，转变为蓝藻，使水体呈现绿色、蓝色、棕色等颜色，这种现象称为“水华”。藻类在水体中占据了越来越多的空间，留给鱼类活动的空间越来越小。藻类的过度生长和繁殖也导致水中溶解氧发生急剧变化。藻类的呼吸作用和死藻的分解会消耗大量的氧气，使水体在一段时间内严重缺氧，影响鱼类的生存。同时，蓝藻死亡时释放的藻类毒素使水不能被人类和动物直接使用，而在厌氧条件下分解有机物时释放的硫化氢、甲基硫醚和其他气体也会使池塘发臭。

为了避免富营养化，有必要减少外源性污染物的输入，并控制内源性营养物质的释放，如基质和死亡的生物体。根据水体的特点，可以采取措施控制氮、磷或氮、磷的组合。对于已经富营养化的水体，可以采用清洁水替代、植物富集收获和旁路处理的方法来降低水体中的氮和磷含量。对于正在发生水华的水体，须采取紧急措施来拯救藻类。

## 91. 海洋生态系统面临哪些问题?

我国海洋生态系统包括沿海湿地、河口、海湾、珊瑚礁和红树林，具有巨大的生态价值，为我国的经济和社会发展提供着多样化的资源。然而，污染、大面积填海和外来物种入侵导致沿海湿地大量丧失，红树林和珊瑚礁大幅减少，海洋生物多样性和稀有濒危物种日益减少，海洋生态系统严重退化。随着海洋生态系统的退化，经常出现灾难性的环境异常现象，如赤潮、绿潮和水母潮，海洋生产力下降。

造成上述问题的主要原因是：①河流携带污染物入海和陆地污染物排放入海；②我国海岸线经历了 4 次填海浪潮，也影响了沿海生态环境；③对海洋鱼类资源的过度捕捞导致一些传统鱼种消失、生物多样性减少；④海洋捕捞活动产生大量垃圾和污水，以及过度海水养殖带来污染（饵料不仅污染海水，还破坏生物的产卵场和栖息地）；⑤大规模的水利工程导致河流入海径流和沉积物锐减，这也对河口和大陆架生态产生一些负面影响；⑥全球气候变暖导致海平面和大陆架温度持续上升，这将引起重要海洋生物资源分布的变化，红树林向北扩张也将导致海洋生物地理分布变化和物种组成变化。此外，海洋酸化将严重影响我国珊瑚礁的资源分布、食品生产和旅游业发展。

## 92. 什么是赤潮?

赤潮是指在特定的环境条件下，海水中一些微小的浮游藻类、原生动物或细菌暴发性繁殖或高度聚集，使海水在一定时间内出现一定范围的变色现象。根据赤潮的原因和来源，可分为原生型（赤潮生物在海中爆炸性繁殖）和外部型（赤潮生物是由风、海流和其他影响因素引起的）。按赤潮发生的海域可划分为近海（海洋）赤潮、沿海赤潮、河口赤潮和海湾赤潮。像地震和台风一样，赤潮是一种自然灾害，它的发生机制很复杂，是水文、气象、化学和生物因素综合作用的结果。一般来说，当海流缓慢、水交换减少、天气条件稳定、风弱、湿度高、大气压力低、阳光充足时，更容易发生赤潮。海流和风有时能使赤潮生物聚集在一起，沿岸的上升气流可以把营养丰富的底层水带到表层，为赤潮的出现提供必要的物质条件。如果风力适当、风向适宜，就会促进赤潮生物的积累，从而容易形成赤潮。诱发赤潮的浮游生物种类繁多，主要有东海原甲藻、夜光藻、米氏凯伦藻及中肋骨条藻等。

## 93. 如何保护河湖生态环境？

对清洁河湖需要保护，对污染河湖需要治理与修复，主要有四个方面的措施：①通过减源、截流和废水处理，对污染源进行拦截和控制；②以环境工程手段为主、生态手段为辅改善水质，包括饮用水水源的保护和点源、面源、内源污染的治理；③以生态手段为主、环境工程手段为辅进行生态治理；④生态修复，包括特定物种修复、生态系统修复和生态系统服务功能恢复。

生态治理和恢复的手段有：①通过退田还湖还湿、河湖滨岸带治理等改善生态空间；②通过水源涵养与水土保持、生态补水、城乡节水等措施保障生态用水；③通过河湖滨岸带治理、栖息地生态系统恢复和河湖底质多样性保护修复，营造有利于水生植物生长、底栖动物和鱼类的觅食与繁殖的自然环境。

## 94. 如何保护湿地生态环境？

湿地破坏的直接原因是基础设施建设、开垦、引水、富营养化、污染、过度捕捞、过度使用和引进非本地物种，间接原因是人口增长和经济发展加速。湿地修复是指在自然因素作用和人为干预下，改变和消除导致湿地生态系统退化的主导因子，调整和优化配置系统内部及其与外界的物质、能量和信息流动过程，使退化、受损的湿地结构改善和生态功能提升。

湿地修复方案根据湿地退化严重程度一般分为三种：自然恢复，即停止对湿地生态系统的人为干扰，减轻负荷压力，依靠生态系统的自我调节能力和自组织能力使其向有序方向自然演替和更新修复的过程；人工辅助修复，即充分利用湿地生态系统的自我修复和再生能力，辅以人工促进措施（如微地形改造、水系连通、生物配置等），使退化、受损的生态系统逐步恢复并进入良性循环的过程；生态重建，即按照一定的生态目标，人为采取地貌重塑、生境重构、植被和动物区系恢复、生物多样性重组等措施，恢复因自然灾害或人为破坏而丧失的湿地生态系统的过程。退化程度低、自然再生能力强的轻度受损湿地，采用自然恢复方式。存在严重威胁因素，生态系统结构发生明显改变，仍具有自然恢复能力的中度受损湿地，采用人工辅助修复方式。严重退化、自然修复能力弱的重度受损湿地，采用生态重建方式。

## 95. 如何保护海洋生态环境？

海洋生态环境问题实质上是经济社会发展的问题。实现海洋可持续发展，必须采取综合政策和措施。其基本思路是围绕国家经济社会发展战略需求，统筹海洋开发与生态环境保护之间的关系，实现海洋经济社会和环境资源的协调发展；坚持以生态系统为基础，陆海统筹、河海一体的基本原则；统筹沿海区域经济社会发展和流域经济社会发展，支持有助于改善海洋—河口生态系统健康的保护方式和可持续土地利用方式；鼓励和支持可持续的、安全的、健康的海洋开发活动，推动海洋经济发展方式的根本转变；创新管理体制机制，建立跨越各部门之间的利益高层决策机构，形成中央与地方、地方与地方及部门之间的网络状对接与合力，激励各利益相关方共同参与。

## 96. 什么是近岸海域环境功能区？

近岸海域环境功能区是指为适应近岸海域环境保护工作的需要，依据近岸海域的自然属性和社会属性以及海洋自然资源开发利用现状，结合本行政区国民经济、社会发展计划与规划，按照《近岸海域环境功能区管理办法》，对近岸海域按照不同的使用功能和保护目标而划定的海洋区域。

表 3-2　近岸海域环境功能区分类

| 功能区类别 | 划分区域 |
| --- | --- |
| 一类 | 海洋渔业水域、海上自然保护区、珍稀濒危海洋生物保护区等 |
| 二类 | 水产养殖区、海水浴场、人体直接接触海水的海上运动或娱乐区、与人类食用直接有关的工业用水区等 |
| 三类 | 一般工业用水区、海滨风景旅游区等 |
| 四类 | 海洋港口水域、海洋开发作业区等 |

## 97. 什么是海洋低氧区？

海洋低氧区（Oxygen Minimum Zones）是海洋中的溶解氧（DO）含量极低的一种特殊生境，一般指溶解氧含量小于 2 mg/L 或溶解氧饱和度小于 30%的水体。海洋低氧区是物理、化学和生物过程共同作用的结果，主要受到光合作用、有机物分解耗氧、海流水平和垂直输运等过程影响。由于海水中的氧含量降低，海洋生物会因缺氧而大量死亡。近岸海域低氧区广泛分布在世界各地的远洋或近海，主要分布在波罗的海、黑海西北陆架区、墨西哥湾北部等海域，我国长江口外和珠江口及其邻近海域也存在季节性的底层缺氧。

## 98. 什么是国家森林乡村？

国家森林乡村是指自然生态风貌保存完好、乡土田园特色突出、森林氛围浓郁、森林功能效益显著、涉林产业发展良好、人居环境整洁、保护管理有效的生态宜居乡村。

国家森林乡村的认定由国家林业和草原局组织指导各地进行，运用一定的评价办法、量化指标和评价标准，通过综合评价（包括乡村自然生态风貌保护、山水林田湖草系统治理、森林绿地建设、森林质量效益、乡村绿化管护和乡村生态文化等 6 个方面），将绿化、美化达到评价标准的乡村（以行政村为对象）认定为国家森林乡村。2020 年，国家林业和草原局公布了第一批国家森林乡村名单，深圳市大鹏新区南澳办事处新大社区、龙岗区园山街道西坑社区入选。

## 99. 森林保护面临哪些挑战？

森林是以木本植物为主体的生物群落，是集中的乔木与其他植物、动物、微生物和土壤相互依存、相互制约，并与环境相互影响而形成的一个生态系统。森林物种丰富，结构复杂，功能多样，被誉为“地球之肺”。当前，世界森林资源的主要问题是数量和质量下降。总的来说，全球森林正以每年 0.3%的速度减少，主要原因是热带地区的森林砍伐和过度采伐；酸雨正在导致大面积的森林萎缩，使森林失去再生能力。此外，全球气候变化导致一些地区过度干旱，大规模火灾增加，这也是森林减少的一个主要原因。我国是一个森林资源贫乏的国家，土地面积约占世界土地总面积的 7%，而森林面积仅占世界的 4%左右，森林蓄积量还不足世界森林总蓄积量的 3%。同时，我国的森林资源分布不均，整个西部地区森林覆盖率仅有 9.06%。

## 100. 城市生态系统有哪些特点？

城市生态系统是城市居民与其环境相互作用形成的统一整

体，也是人类在改造和适应自然环境的基础上建立起来的特殊的人工生态系统。城市生态系统由自然系统、经济系统和社会系统组成，自然系统包括城市居民赖以生存的基本物质环境，如阳光、空气、淡水、土地、动物、植物和微生物；经济系统包括生产、分配、流通和消费的所有方面；社会系统包括城市居民社会、经济和文化活动的所有方面，主要表现为人与人之间、个人与集体之间、集体与集体之间的不同关系。

人们在城市生态系统中起着重要的主导作用，城市生态系统所需要的大部分能源和材料都是从其他生态系统中人工输入的。同时，城市中人们在生产活动和日常生活中产生的大量垃圾在这个系统中无法被完全分解和再利用，不得不运往其他生态系统，对其他生态系统造成一定的干扰。因此，城市生态系统高度依赖其他生态系统，其本身也是相对脆弱的。

## 101. 深圳市生态环境有哪些特点？

深圳市属于南亚热带季风气候，具有典型的陆海交互生态环境特征，除城市生态系统外，还拥有山林、湖泊、河流、海洋和红树林湿地等典型生态系统。深圳市的生态环境质量较高，有自然保护地 25 个、城市公园超过 1200 个，森林覆盖率约为 40%，空气质量在全国特大以上城市中排名第 1。良好的生态环境吸引了越来越多的动物“安家”深圳。深圳市有野生维管植物 2086 种、本土陆域野生脊椎动物585种，其中国家重点保护物种109种。我国约1/4的野生鸟类在深圳市均有记录。但是，深圳市有着滨海城市皆有的生态脆弱性，生态环境相对比较脆弱，对外界活动的抗干扰能力不高，系统的稳定性较低。

## 102. 深圳市有哪些自然保护地？

深圳市现有自然保护地25个，包括自然保护区4个、森林公园9个、湿地公园10个、风景名胜区1个、地质公园1个。其中，国际级自然保护地有5个。广东内伶仃岛—福田国家级自然保护区主要保护对象为红树林、水鸟、迁徙越冬及中转的候鸟以及内伶仃岛上的猕猴。梧桐山国家森林公园具有丰富的动植物资源，包括南亚热带常绿阔叶林、南亚热带常绿灌木林、南亚热带针阔混交林、南亚热带沟谷季雨林、竹林和山顶灌丛以及相思林、柑橘林和荔枝林等人工林。华侨城国家湿地公园与深圳湾水系相通，是深圳湾滨海湿地生态系统的重要组成部分，是国际候鸟重要的中转站、栖息地。梧桐山国家风景名胜区相对于森林公园覆盖面积更大，包括仙湖植物园、东湖公园和沙头角林场等，是以滨海山地和自然植被为景观主体的自然风景名胜区。大鹏半岛国家地质自然公园是一个以中生代古火山和海蚀、海积地貌景观为特征的地质公园。

图 3-3 沙头角林场（广东省沙头角林场提供）

## 103. 深圳市有哪些特有物种和珍稀物种？

根据深圳市野生动植物保护管理处开展的深圳市野生动物（陆域）资源调查（2013—2016 年）的数据，深圳市共记录本土陆域野生脊椎动物 585 种，其中鱼类 68 种，两栖类 22 种，爬行类 61 种，鸟类 382 种，哺乳类 52 种，全市共有国家一级重点保护野生动物 15 种，国家二级重点保护野生动物 78 种。深圳市记录野生维管植物 2086 种（本土野生种 1916 种），其中蕨类 186 种，裸子植物 7 种，被子植物 1893 种，全市共有国家一级重点保护野生植物 2 种，国家二级重点保护野生植物 33 种。国家一级重点保护野生动物有黑脸琵鹭、小灵猫、白肩雕、青头潜鸭等，国家一级重点保护野生植物有仙湖苏铁、紫纹兜兰。

## 104. 深圳湾处于候鸟的迁飞区吗？每年有多少水鸟在深圳湾栖息或暂歇？

深圳湾位于东经 113°53′～114°05′、北纬 22°30′～22°39′，处于全球九大候鸟迁飞区中的东亚—澳大利西亚迁飞区（也称迁徙线），此迁徙线沿着亚洲东部海岸，南至澳大利亚东南部和新西兰，北至雅库特、楚科奇地区和堪察加半岛。每年深圳湾有大量的候鸟栖息，历年候鸟规模有数万只。

图 3-4　候鸟栖息

## 105. 全球主要候鸟迁徙路线有哪些？

全球一共有九大候鸟迁飞区，经过中国的有四个：东亚—澳大利西亚迁飞区、中亚迁飞区、西亚—东非迁飞区、西太平洋迁飞区，这四个迁飞区交叠组成我国西部、中部、东部三条主要迁徙线。西部迁徙路线是指内蒙古西部、甘肃、青海、宁夏的候鸟，秋季向南迁飞至四川盆地西部和云贵高原越冬，新疆地区的湿地水鸟向东南汇入该西部迁徙路线；中部迁徙路线是指候鸟在内蒙古东部和中部草原、华北西部和陕西繁殖，秋季进入四川盆地越冬或继续在华中或更南的地区越冬；东部迁徙路线是指在俄罗斯、日本、朝鲜半岛以及中国东北部和华北东部繁殖的湿地水鸟，春、秋两季通过我国东部沿海地区进行南北向迁徙。

## 106. 什么是公众对城市生态环境提升满意率调查和公众生态文明意识水平调查？

公众对城市生态环境提升满意率调查和公众生态文明意识水平调查是深圳市生态文明考核的重要指标，对这两项考核指标的调查是通过问卷调查（入户调查）进行的。它能客观、真实地反映深圳市各区政府辖区内居民对其居住或工作区域内城市生态环境的感受和评价。此项工作最终形成对深圳市各区政府的公众满意评价得分表，为深圳市生态文明建设考核提供依据，进而为各区政府加强生态文明建设工作提供指导。

# 第四篇

# 水环境治理

## 107. 什么是水环境?

根据《环境科学词典》的解释，水环境是分布在地球上的各种水体，以及与之密切相关的各种环境因素，如河床、海岸、植被、土壤等。水环境主要包括地表水环境和地下水环境。地表水环境包括河流、湖泊、水库、海洋、池塘、沼泽、冰川等。地下水环境包括泉水、浅层地下水、深层地下水等。

根据我国《水文基本术语和符号标准》（GB/T 50095—2014）的定义，水环境是指围绕人群空间及可直接或间接影响人类生活和发展的水体，其正常功能的各种自然因素和有关的社会因素的总体。

图 4-1 河流

## 108. 什么是水功能区？

根据《水功能区监督管理办法》给出的定义，水功能区是指为满足水资源合理开发、利用、节约和保护的需求，根据水资源的自然条件和开发利用现状，按照流域综合规划、水生态系统保护和经济社会发展要求，依其主导功能划定范围并执行相应保护和管理要求的水域。

水功能区分为一级区和二级区。一级水功能区宏观上解决水资源开发利用与保护的问题，主要协调地区间用水关系，长远考虑可持续发展的需求，包括保护区、保留区、缓冲区和开发利用区。二级水功能区对一级水功能区中的开发利用区进行划分，主要协调用水部门之间的关系，包括饮用水水源区、工业用水区、农业用水区、渔业用水区、景观娱乐用水区、过渡区和排污控制区。

## 109. 什么是水环境质量基准？

水环境质量是指水环境对人类生存繁衍和社会经济发展的适宜程度。水环境质量基准简称“水质基准”，是指水环境中污染物或有害因素对人群健康和水生态系统不产生有害影响的最大剂量或水平。水质基准根据保护对象的不同，可分为以保护人体健康为目标的水质基准和以保护水生生物为目标的水质基准。例如，2020 年生态环境部发布了国家生态环境基准《淡水水生生物水质基准—苯酚》，该基准充分考虑了我国水生生物的分布，对物种的急、慢性毒性值分别进行计算后，基于物种敏感度分布法，推导得到苯酚的短期水质基准值和长期水质基准值，反映现阶段地表水环境中苯酚对 95%的中国淡水水生生物及其生态功能不产生有害效应的最大浓度。

## 110. 什么是水环境质量标准?

水环境质量标准（以下简称水质标准），是指为保护人体健康和水的正常使用而对水体中污染物或其他物质的最高容许浓度所作的规定。除国家水质标准外，各地区还可参照实际水体的特点、水污染现状、经济和管理水平，根据主要用水情况，会同有关单位制定地区性水质标准。水环境质量直接关系着人类生存和发展的基本条件，水质标准是制定污染物排放标准的根据，同时也是确定排污行为是否造成水体污染及是否应当承担法律责任的根据。水质标准按水体类型可分为地表水质标准、地下水质标准和海水水质标准；按水资源用途可分为生活饮用水水质标准、渔业用水水质标准、农业用水水质标准、娱乐用水水质标准、各种工业用水水质标准等。

## 111. 什么是水污染物排放标准?

水污染物排放标准是国家（地方、部门）为满足水环境质量标准的要求，结合技术经济条件和环境特点，对污染源排入环境的污染物的浓度和数量所规定的最高允许值。

水污染物排放标准规定了油类、耗氧有机物、有毒金属化合物、放射性物质和废水（废液）中含有的致病微生物的允许排放量。污染物排放标准根据其适用范围分为一般标准和行业标准。一般标准规定了一定范围（全国或一个区域）普遍存在或危害较大的各种污染物的允许排放量，适用于各个行业。一些典型的水污染物排放标准规定了不同排放方向的允许排放量（水污染物排入下水道、河流、湖泊和海洋区域时）。行业标准可以针对不同的工业过程定义允许排放的污染物，例如，钢铁行业的废水排放标准可以针对焦化、烧结、炼铁、炼钢、酸洗等过程定义污染物，分别规定允许排放的废水中的pH、总悬浮物和油的限值。

## 112. 什么是水污染物的化学需氧量指标?

化学需氧量（Chemical Oxygen Demand，COD）是以化学方法测量水样中需要被氧化的还原性物质的量，是废水、污水处理厂出水和受污染的水体中能被强氧化剂氧化的物质（通常为有机物）的氧当量。在河流污染和工业废水性质的研究以及污水处理厂的运行管理中，它是一个重要的、可快速测定的有机物污染参数。

## 113. 什么是第一类污染物？

第一类污染物是指能在环境或动植物体内蓄积，对人体健康产生长远不良影响的有害物质。第一类污染物共有 13 项，包括总汞、烷基汞、总镉、总铬、六价铬、总砷、总铅、总镍、苯并[α]芘、总铍、总银、总 α 放射性、总 β 放射性。含有此类有害污染物的废水，不分行业和污水排放方式，也不分受纳水体的功能类别，一律在车间或生产设施排放口采样（采矿行业的尾矿坝出水口不得视为车间排放口），其最高允许排放浓度必须低于标准规定的最高允许排放浓度。第一类污染物都是危害严重的物质，在环境中容易造成很大的破坏，因此必须严格控制。

## 114. 什么是水质指数？

水质指数（Water Quality Index）是环境质量指数的一种，它是综合几个水质参数的检验结果，来综合描述水质的一个无量纲数值。水质状况按照水质指数从小到大进行排名，排名越靠前，说明水质状况越好。水质指数的计算采用《地表水环境质量标准》

（GB 3838—2002）表 1 中除水温、粪大肠菌群和总氮外的 21 项指标，包括 pH、溶解氧、高锰酸盐指数、化学需氧量、五日生化需氧量、氨氮、石油类、挥发酚、汞、铅、总磷、铜、锌、氟化物、硒、砷、镉、六价铬、氰化物、阴离子表面活性剂和硫化物，先用各项水质单项指标的浓度值除以该水质指标对应的地表水III类水浓度标准限值，计算出单项指标的水质指数，再通过加和得出最终水质指数。

## 115. 常用的水质指标有哪些？

常用的水质指标有 pH、溶解氧、化学需氧量、总氮和总磷等。

pH 是指水溶液中氢离子浓度的常用对数的负值。水在室温条件下，pH 范围为 0～14，pH＞7 表示水为碱性，pH＜7 表示水为酸性，pH=7 表示水为中性。自然水体一般为微酸性、中性或微碱性。

溶解氧是指水中溶解的氧气的浓度，水中溶解氧的含量与空气中氧的分压、水的温度都有密切关系。水温越高，溶解氧的含量越低。溶解氧是表征水体厌氧、好氧状态的指标，也能够反映水体的自净能力。溶解氧较低时，说明水体中存在较多的有机污染物，并且会由于厌氧生化反应产生恶臭。

化学需氧量是指水体中能被氧化的物质在规定条件下进行化学氧化时所消耗氧化剂的量。在其测定过程中，有机物被氧化成二氧化碳和水。当前测定化学需氧量常用的方法有高锰酸钾法和重铬酸钾法，前者用于测定较清洁的水样，后者用于污染严重的水样，如生活污水和工业废水。

图 4-2 水质检测

总氮是水中各种形态无机氮和有机氮的总量，包括硝酸盐氮、亚硝酸盐氮和氨氮等无机氮，以及蛋白质、氨基酸和有机胺中的有机氮，常被用来表示水体受营养物质污染的程度。其中，氨氮是指以氨或铵离子形式存在的化合氮，是水体中的主要耗氧污染物。

总磷是水中各种形态无机磷和有机磷的总量，包括单质磷和正磷酸盐、缩合磷酸盐、焦磷酸盐、偏磷酸盐和有机磷中的磷元素。其主要来源为生活污水、化肥、有机磷农药及近代洗涤剂所用的磷酸盐增洁剂等。

## 116. 城市水环境质量如何排名？

根据《城市地表水环境质量排名技术规定（试行）》，采用城市水质指数（CWQI）对城市水环境质量和水质变化情况进行双排名。城市水质指数包括河流水质指数和湖库水质指数，均采用《地表水环境质量标准》（GB 3838—2002）中表1地表水环境质量标准基本项目标准限值，除水温、总氮和粪大肠菌群外的21项指标（包括 pH、溶解氧、高锰酸盐指数、化学需氧量、五日生化需氧量、氨氮、总磷、铜、锌、氟化物、硒、砷、汞、镉、六价铬、铅、氰化物、挥发酚、石油类、阴离子表面活性剂和硫化物），先分别计算所有纳入排名的河流、湖库监测断面各单项指标浓度的算术平均值，再计算单项指标的水质指数（以指标的浓度值除以该指标对应的地表水III类标准，河流、湖库总磷限制指标不同），综合计算出河流、湖库的水质指数，再根据城市内河流和湖库的水质指数，取其加权均值即为该城市的水质指数。

## 117. 什么是国考断面和省考断面？

“国考断面”全称为“国家地表水考核断面”，通俗理解就是国家在一条河流设置有代表性的断面，并实时监测这个点位的水质。国考断面从属于国家地表水环境监测网中的评价、考核、排名监测断面（点位），以改善水环境质量为核心，满足流域水污染防治目标任务考核和城市水环境质量排名等当前环境管理的需求。深圳市的国考断面在 2021 年增加至 12 个，包括 5 个河流断面（茅洲河共和村、深圳市河口、赤石河小漠桥、观澜河企坪、龙岗河鲤鱼坝）和 7 个水库断面（深圳水库、西丽水库、铁岗水库、石岩水库、清林径水库、公明水库、梅林水库）。类似地，各省份还可以根据自身条件和管理目标设置省地表水考核断面（简称省考断面），以进一步提升地表水环境质量。从 2019 年起，生态环境部定期通报 339 个地级及以上城市水环境质量排名。水环境质量状况按照城市水质指数由低到高排名，公布前 30 名和倒数 30 名；水环境质量变化状况按照城市水质指数同比变化幅度排名，公布前 30 名和倒数 30 名。

## 118. 什么是集中式饮用水水源地和饮用水水源保护区？

集中式饮用水水源地是指进入输水管网送到用户和具有一定取水规模（供水人口一般大于 1000 人）的在用、备用和规划水源地。依据取水区域不同，集中式饮用水水源地可分为地表水饮用水水源地和地下水饮用水水源地；依据取水口所在水体类型的不同，地表水饮用水水源地可分为河流型饮用水水源地和湖泊、水库型饮用水水源地。

饮用水水源保护区是指国家为防治饮用水水源地污染、保障水源水质而划定，并要求加以特殊保护的一定范围的水域和陆域。饮用水水源保护区分为一级保护区和二级保护区，必要时可划定准保护区。

图 4-3　保护饮用水水源地

## 119. 我国城市集中式饮用水水源有哪些环境保护策略？

我国水源保护工作从 2005 年至今经历了四个阶段，一是调查评估阶段（2005—2010 年）；二是年度评估阶段（2011—2014 年）；

三是规范化建设阶段（2015—2020 年）；四是深化管理阶段（从 2021 年开始）。

目前我国城市集中式饮用水水源环境保护策略主要包括以下六方面：一是水源水量水质要求；二是保护区建设要求，包括保护区划分、保护区标志设置、隔离防护等；三是保护区整治要求，包括一级保护区、二级保护区、准保护区等的整治要求，危险化学品运输管理制度，准保护区水源涵养林建设等；四是监控能力建设要求，包括常规监测、预警监控、视频监控等；五是风险防控与应急能力建设要求，包括应急防护工程、应急物资、应急预案及应急演练、备用水源等；六是管理措施要求，包括健全饮用水水源保护区管理制度和管理措施，如“一源一档”、定期巡查、信息公开等。

## 120. 什么行为在深圳市的饮用水源保护区和准保护区内应禁止？

根据《深圳经济特区饮用水源保护条例》第十三条，饮用水源保护区和准保护区内禁止下列行为：

（1）新建、扩建对水体污染严重的建设项目；改建增加排污量的建设项目；

（2）向饮用水源水体新设污水排放口；

（3）向水库排放、倾倒污水；

（4）设立剧毒物品的仓库或者堆栈；

（5）设立污染饮用水源的工业废物和其他废物回收、加工场；

（6）堆放、填埋、倾倒危险废物；

（7）向饮用水源水体排放、倾倒污水、垃圾、粪便、残渣余土及其他废物；

（8）饲养猪、牛、羊、兔、鸡、鸭、鹅、食用鸽等家畜家禽；

（9）毁林开荒、毁林种果；

（10）法律、法规规定的其他禁止在饮用水源保护区和准保护区内实施的行为。

在饮用水源保护区和准保护区内运输剧毒物品的，应当报公安部门批准，并采取有效的防溢、防漏、防扩散措施。

## 121. 什么是水质保障工程？

水质保障工程是结合水源保护区的自然地理条件和流域特点，通过物理分割流域空间的方式，将片区内的雨水截流、净化、转输，使其汇水范围发生实质性改变，进一步控制入库污染，保障饮用水水源水质安全的重大工程，是满足人民群众对饮用水安全需求的重要保障。水质保障工程建设是深圳市优化调整饮用水水源保护区的创新性举措，通过“物理隔离”和“分类使用”，实现保护更严和水质更优的目标。水质保障工程事关深圳市的饮用水安全和民生福祉，其实施带来的水质改善，能为片区的饮用水安全和高质量发展提供坚实的生态环境基础。

## 122. 饮用水应该符合什么标准?

在我国《生活饮用水卫生标准》(GB 5749—2022)中，水质指标由 GB 5749—2006 的 106 项调整为 97 项，包括常规指标 43 项和扩展指标 54 项；水质参考指标由 28 项调整为 55 项。其规定生活饮用水水质应符合下列基本要求，保证用户饮用安全：

(1) 生活饮用水中不应含有病原微生物；

(2) 生活饮用水中化学物质不应危害人体健康；

(3) 生活饮用水中放射性物质不应危害人体健康；

(4) 生活饮用水的感官性状良好；

(5) 生活饮用水应经消毒处理。

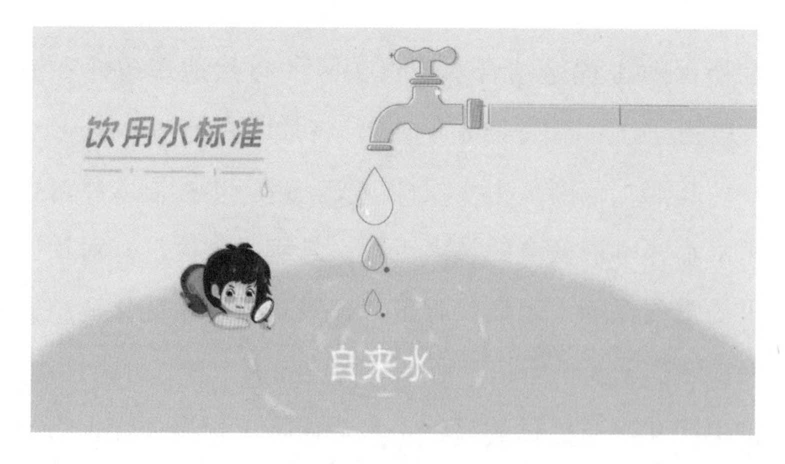


图 4-4 饮用水标准

## 123. 什么是二次供水?

二次供水是指单位或个人将城市公共供水或自建设施供水经储存、加压，通过管道再供给用户或自用的形式。二次供水主要是为了弥补城市供水管道的压力不足，保障在高层生活和工作的人们用水而设立的。二次供水设备包括水泵、水箱等。当自来水压力不足时，通过加压水泵将自来水提升到游泳池、水箱或水塔的高位，然后利用自然压力实现稳定的二次供水。二次供水系统由于相对分散、缺乏专业管理，容易造成二次污染，如脸盆中混入的杂质、管网漏水造成的污水渗入。因此，物业管理单位应定期对二次供水系统进行维护，供水、卫生等相关部门应对二次供水系统进行检查。

## 124. 什么是直饮水?

直饮水，又称为健康活水，指的是没有污染、没有退化，符合人体生理需要（含有人体相近的有益矿质元素），pH 呈弱碱性的可直接饮用的水。

自来水厂的出水在输送、二次供水和入户过程中，可能残留或引入微量污染物，同时也含有较高的余氯。为了达到直接饮用的目的，可以对自来水进行二次加工，以达到《饮用净水水质标准》（CJ 94—2005）的要求。住房和城乡建设部发布的《建筑与小区管道直饮水系统技术规程》（CJJ/T 110—2017）给出了直饮水加工方法，主要包括多级膜分离和消毒灭菌。

## 125. 什么是水安全？

“水安全”（water security）一词最早出现在2000年于斯德哥尔摩召开的国际水讨论会上。自水安全议题提出以来，国内外学者重点围绕水资源安全界定、水资源安全评价指标体系、水环境质量评价以及洪涝安全管理与应急预案等开展了大量理论方法及个案研究，有效提升了全社会对水安全问题的关注。

根据关注点的不同，水安全可归纳为水资源安全、水生态安全、水环境安全、水灾害规避安全等。其中，水资源安全是对水资源能否满足合理的社会、经济及生态用水需求的综合评判，最终目标在于解决水资源量的可持续供给问题；水生态安全概念所强调的生态用水安全是对维持生态环境系统稳定和可持续发展用水的度量；水环境安全重点关注水质污染和水环境整体安全状况；水灾害规避安全则主要涉及不同尺度、不同地域的洪涝灾害风险的定性、定量评估及其综合管理与防范。

## 126. 为什么会发生水资源短缺？

水是地球上分布最广的资源，地球表面约 71%的面积被水覆盖，水的总量约为 13.86 亿 $km^3$，但淡水资源总量只有 3500 万 $km^3$，仅占所有水资源的 2.53%，且近 70%的淡水固定在南极和北极的冰层中，其余多为土壤水分或深层地下水，不能被人类利用。全球淡水资源不仅短缺而且地区分布极不均衡。

我国水资源总量约为 $2.81 \times 10^4$ 亿 $m^3$，居世界第六位，但人均占有量仅为 2240 $m^3$。目前，我国有 16 个省（自治区、直辖市）人均水资源（不含过境水）处于严重缺水线下。我国水资源的区域分布也很不均衡，长江流域及其以南地区面积仅占全国的 36.5%，其水资源量占全国的 81%；淮河流域及其以北地区面积占全国的 63.5%，其水资源量仅占全国的 19%。我国除了水量型缺水，还有严重的水质型缺水，即水资源受到污染，水质不能满足使用要求。

图 4-5　节约用水

# 127. 如何界定水污染?

根据《中华人民共和国水污染防治法》第一百零二条，水污染是指水体因某种物质的介入，而导致其化学、物理、生物或者放射性等方面特性的改变，从而影响水的有效利用，危害人体健康或者破坏生态环境，造成水质恶化的现象。水污染物是指直接或间接向水体排放的，能导致水体污染的物质。按照污染的属性，水污染可分为物理性污染、化学性污染和生物性污染。物理性污染包括热污染、放射性污染和表观污染（浊度、色度、臭和味等）；化学性污染包括各类无机物、有机物的污染；生物性污染包括病原菌、霉菌和藻类的污染等。

图 4-6　水污染

## 128. 什么是水污染防治?

对水污染的预防和治理叫作水污染防治。水污染防治应当坚持预防为主、保护优先、防治结合、综合治理的原则，优先保护饮用水水源，严格控制工业污染、城镇生活污染，防治农业面源污染，积极推进生态治理工程建设，预防、控制和减少水环境污染和生态破坏。

水污染防治的主要措施有：

（1）减少和消除污染物排放的废水量，控制废水中的污染物浓度；

（2）对水体污染源进行全面规划和综合治理，对可能出现的水体污染采取预防措施；

（3）加强监测管理，制定法律和控制标准。

主要防治对策有：

（1）采取预防为主的方针，遵循可持续发展战略，走绿色经济发展道路；

（2）大力推行清洁生产和循环经济，争取实现工业用水量和废水排放量的零增长，以及有毒、有害污染物的零排放；

（3）加大城市废水处理力度，提高污水回收利用率；

（4）加强面源污染控制，规范农药、化肥使用。

## 129. 河水为什么会变黑、变臭?

河水变黑、变臭是水体被污染后，在厌氧菌的作用下水质恶化所致。自然水体具有一定的自净能力，即在物理、化学和生物作用的影响下，被污染的水体会逐渐自然净化，水质得到恢复。但是，当污染物浓度过高时，常规的水体清洁方式不足以清洁所有的污染物，在清洁过程中，水体中的溶解氧减少，从富氧到缺氧，最后到厌氧，在厌氧和无氧状态下，仍有微生物生长和繁殖，这些微生物在分解水体中的含硫和含氨的有机污染物时，会产生硫化氢、有机硫化物和氨以及其他有味物质。另外，缺氧环境会导致池塘中的藻类和其他浮游生物以及鱼虾死亡和进一步分解，使池塘变黑、变臭。

## 130. 什么是水体的自净?

水体的自净是指被污染的水体在其自身的物理、化学和生物作用的影响下，逐渐降低其浓度和毒性，一段时间后恢复到污染前的状态。水体自净过程受许多因素影响，主要有：河流、湖泊、海洋和其他水体的水文和地形条件；水中微生物的种类和数量；水温和复氧条件（水中溶解的大气氧）；水化学条件，以及污染物的性质和浓度。水体自净过程包括物理过程，如沉淀、稀释和混合，化学过程（也包括物理过程），如氧化还原、分解化合、吸附凝聚，以及生物化学过程。不同的过程同时发生，相互影响，交织在一起。一般来说，物理和生物化学过程在水净化中占主导地位。水体的自净能力是有限的，如果在一段时间内，污染物的排放超过了水体的自净能力，水体将无法从污染中自然恢复。

## 131. 什么是点源污染、面源污染和内源污染？

按照水污染源的分布状况分类，水污染可分为点源污染、面源污染和内源污染。点源污染是指污染物质从集中的地点排入水体，主要是指工业和城市废水排放造成的污染，其特点是有固定的排放口。面源污染是指大面积集水区的雨水径流造成的污染，如农田施用农药、化肥后，生活垃圾在土地上堆积后，降雨流的冲刷会将这些物质或其成分带入水体。与点源污染相比，面源污染更难控制，除加强农田、垃圾等的管理外，还可以采用初期雨水分离净化、箱涵截污等措施。除了外部污染，一些水体底泥中也会积存重金属、氮、磷等污染物，受到扰动时会打破平衡，过量释放到上方水体中，导致水体污染物浓度升高；此外，一些水中生物的死亡、腐败也会向水体中释放污染物，大气沉降和降水也可带入污染物，这些称为内源污染。

## 132. 什么是汛期污染强度?

汛期污染强度是指某断面汛期首要污染物浓度与考核目标浓度限值的比值。其中汛期涵盖河流一年中有规律发生洪水的时期以及河水上涨至回落到某一水位的时段。《地表水环境质量评价办法（试行）》侧重于对日常水质状况进行总体评价，而汛期污染强度主要反映监测断面汛期污染程度与水质目标之间的差距，有利于精准识别平时水环境质量较好、汛期污染物浓度大幅上升的情形，分清相关行政区域面源污染防治责任，督促指导开展面源污染防治，有效削减面源污染负荷，实现水生态环境持续改善。

## 133. 深圳市水生态环境调查包括哪些方面?

按照《广东省江河湖库水生态环境调查与评价技术指引（试行）》，深圳市的水生态环境调查对象涵盖江河湖库水体及其缓冲带区域，调查指标涵盖水质指标、生境（栖息地）指标、生物指标，每年在枯水期、丰水期各监测一次。其中水质指标主要参考地表水环境质量标准体系；生境指标指生物生存场所的环境状况，主要包含生态流量、岸带形态结构（连通度、弯曲度等）、生态缓冲带植被覆盖度、湿地情况等；生物指标指藻类、底栖动物、鱼类等的数量及种类等。目前深圳市的水生态调查工作主要在深圳河、赤石河等十大水系及深圳水库、清林径水库等26座市级水库共151个点位展开，同步获取水质、生境、水生生物的基础资料，并进行样品鉴定分析和数据处理。

## 134. 什么是入海排污口？什么是入海排污口设置？

入海排污口（sewage outfalls to sea）指直接或通过管道、沟、渠等排污通道向海洋排放污水的口门，是海域生态环境保护的重要节点。

入海排污口设置包括排污口的新建、改建、扩建。新建是指入海排污口首次建造或使用，以及对原来不具有排污功能或者已废弃的排污口的使用；改建是指已有入海排污口的排放位置、排放方式等事项的重大改变；扩建是指已有入海排污口的排污能力的提高，包括排污口门规模扩大或排污量增加。

## 135. 如何净化工业废水？

工业废水种类繁多，按工业企业的产品和加工对象可分为造纸废水、纺织废水、制革废水、农药废水、冶金废水、炼油废水等。根据工业废水的性质，可以采用以下方法进行净化：

（1）物理法，利用物理作用去除污水中固体和胶体污染物的方法，包括离心分离、筛滤、沉淀、除油、过滤等；

（2）化学法，利用化学反应的作用去除污水中有害物质的方法，包括中和、化学沉淀、氧化还原等；

（3）物化法，利用物理化学作用去除污水中有害物质的方法，包括混凝、气浮、吸附、离子交换、膜分离等；

（4）生物法，利用微生物的新陈代谢作用使污水中的有机物分解的方法，包括活性污泥法、生物膜法、氧化塘等。

处理后的废水应达到《污水综合排放标准》（GB 8978—1996）或相应的工业行业废水排放标准。

## 136. 城镇污水处理应满足哪些标准?

城镇污水是指城镇居民生活污水，机关、学校、医院、商业服务机构及各种公共设施排水，以及允许排入城镇污水收集系统的工业废水和初期雨水等。城镇污水应排入污水收集系统，经管网输送至污水处理设施进行净化，达到《城镇污水处理厂污染物排放标准》（GB 18918—2002）要求后，排放至水体或进行循环利用。根据城镇污水处理厂排入地表水域的环境功能和保护目标，以及污水处理厂的处理工艺，将基本控制项目的常规污染物标准值分为一级标准（A 和 B）、二级标准、三级标准。当污水处理厂出水引入稀释能力较小的河湖作为城镇景观用水和一般回用水等用途时，执行一级 A 标准；城镇污水处理厂出水排入《地表水环境质量标准》（GB 3838—2002）中地表水Ⅲ类功能水域（划定的饮用水水源保护区和游泳区除外）、《海水水质标准》（GB 3097—1997）中海水二类功能水域和湖、库等封闭或半封闭水域时，执行一级B标准。城镇污水处理厂出水排入《地表水环境质量标准》（GB 3838—2002）中地表水Ⅳ、Ⅴ类功能水域或《海水水质标准》（GB 3097—1997）中海水三类、四类功能海域，执行二级标准。非重点控制流域和非水源保护区的建制镇的污水处理厂，根据当地经济条件和水污染控制要求，采用一级强化处理工艺时，执行三级标准，但必须预留二级处理设施的位置，分期达到二级标准。

## 137. 如何净化城镇污水？

城市污水处理厂通常采用三级处理工艺。一级处理为机械处理，通过格栅、沉砂池和初沉池等构筑物，去除污水中的粗颗粒和悬浮物；二级处理为生化处理，是在一级处理后通过活性污泥法等工艺，去除污水中的不可沉悬浮物和溶解性可生物降解有机物；三级处理是在二级处理的基础上，应用离子交换、反渗透、高级氧化、紫外线消毒等方法进一步去除废水中难降解的有机物、氮和磷等能够导致水体富营养化的可溶性无机物等。经上述三级处理工艺处理后，出水可以达到我国《城镇污水处理厂污染物排放标准》中的一级A或一级B标准。部分地区处理要求和排放标准要求较低，可以仅采用一级或二级处理工艺，在满足水环境保护要求的前提下节约处理费用。

## 138. 什么是集中式污水处理厂？

集中式污水处理厂是指为两个或两个以上的污水处理单位提供污水处理服务的污水处理厂，包括各种规模和类型的集中式市政污水处理厂、产业集聚区（经济技术开发区、高新技术产业开发区、出口加工区和其他类型的工业园区）的集中式处理厂，以及两个或两个以上单位共用的其他处理厂。

## 139. 污水管网和给水管网有何区别？

污水管网是从污水产生源收集污水并输送至处理厂的管道系统。污水由支管流入干管，再流入主干管，最后流入污水处理厂。管道由小到大，分布类似河流，呈树枝状，内部为依靠重力流动的无压力非满流。水头较低的位置，可以设置污水泵站对污水进行提升。在污水管路上，还会设置窨井用于日常检查和清淤。

给水管网是从自来水厂向用户输水和配水的管道系统。管道材质常用铸铁管、钢管、预应力混凝土管和 PVC 管。管道密封，一般为满流，利用压力供水，以避免外部污染物进入，有必要时可以设置给水泵站。管网干管通常设置为环状，以保障供水安全。

## 140. 雨水如何收集和处理?

雨水管网是一种城市排水管网，由雨水进口、雨水管渠、检查井、雨水出口和其他部件组成，用于收集雨水并将其输送到下游水体，以防止城市和城镇发生洪涝灾害。雨水排水管网与污水管网类似，雨水通过支管被收集到主干管中，主干管是重力流无压力的，如果有必要，还需要建设雨水泵站。

在降雨的早期阶段，雨水会溶解污染性气体，如空气中的酸性气体、汽车尾气和工厂废气。雨水落到地面后，由于对屋顶和沥青路面的冲洗，初始阶段可能含有更多的污染物，甚至超过正常城市废水的浓度。在这个阶段，可以安装一个过滤器，将初始降雨引向下水道系统和污水处理厂。在降雨的后期阶段，污染较少的雨水可以直接排入自然水体，或通过高架截流篮、旋风脱水器和其他保留悬浮固体的装置排入自然水体。

## 141. 什么是合流制和分流制?

合流制是用同一个管渠系统收集和输送污水、废水和雨水的排水方式。我国城镇建设早期，一般采用合流制收集污水和雨水，该方法成本较低。在合流制体系下，雨水和污水一并进入污水处理厂，进水量大且波动明显，污染物浓度偏低，增加了污水处理厂的负担，不利于微生物生化反应。在雨水量较大时，由于污水处理厂不能承受过量进水，这些雨污水就必须溢流至自然水体，导致部分污水未能得到有效净化，污染了自然水体。

相对合流制，分流制是采用不同的管网系统分别收集、输送污水和雨水，这可以避免上述问题，但管网造价相对较高。一些老城区存在雨污管网混接的情况，也难以敷设新的管网，此时可以沿河建设截流干管，将晴天收集到的生活污水送至污水处理厂；雨天时，当雨水、污水的混合水量超过一定值时，其超出部分通过溢流井泄入水体。通过合理确定溢流井的数目和位置，可以尽量减少对水体的污染、减少截流干管的尺寸和缩短排入渠道的长度。

## 142. 雨水调蓄池有什么作用?

在强降雨条件下，雨水径流量增大，可能超出下游雨水管网输送能力，这就会导致城镇内涝乃至雨洪灾害。利用雨水调蓄池，可以将雨水径流的高峰流量暂时储存在调蓄池中，待流量下降后，再从调蓄池中将水排出，以削减洪峰流量，降低下游雨水干管的管径，提高区域的排水标准和防洪能力，减少内涝灾害。雨水调蓄池可以采用专门的混凝土蓄水池，也可以利用天然的池塘或景观水池等。

在降雨时，合流制排水系统的溢流污染物或分流制排水系统中的初期雨水可以暂时存在调蓄池中，待降雨结束后，再将储存的雨污水通过污水管道输送至污水处理厂，达到控制面源污染、保护水体水质的目的。此外，在雨水利用工程中，调蓄池可以储存雨水，经净化后进行综合利用。

## 143. 什么是海绵城市？

城镇大量采用硬化路面，雨水径流主要依靠管渠、泵站等设施排放，以“快速排出”和“末端集中”控制为主要理念，难以应对旱季、雨季大幅波动的降雨水平。海绵城市以“慢排缓释”和“源头分散”控制为主要理念，通过保护城市中原有的河湖、湿地、坑塘、沟渠等，设置植草沟、渗水地面、雨水花园、下沉式绿地、绿色屋顶等水生态设施，使城市像海绵一样，能够在下雨时吸水、蓄水、渗水、净水，而在需要用水时将蓄存的水释放并加以利用，实现雨水在城市中的可控使用。海绵城市在适应环境变化和应对雨水带来的自然灾害等方面具有良好的弹性，也叫“低影响开发雨水系统”。这可以避免大规模的雨水管网建设，使大部分降雨就地消纳和利用。

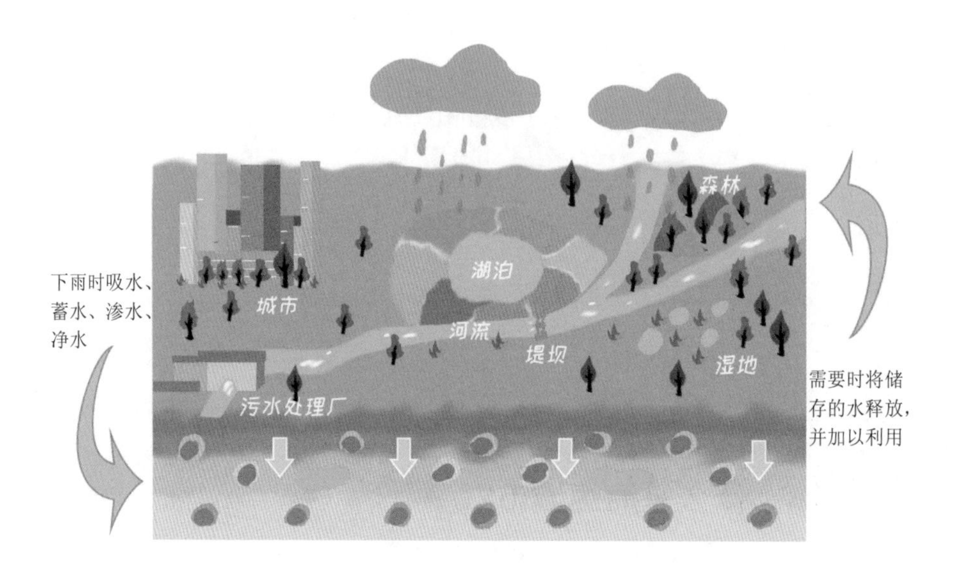


图 4-7　海绵城市

## 144. 深圳市河流的水环境质量如何？

2022 年深圳市 310 条河流按河长占比水质优良率达 67.6%。国考、省考地表水断面中，赤石河小漠桥和深圳河径肚断面水质保持为地表水Ⅱ类标准；观澜河企坪、龙岗河鲤鱼坝和坪山河上垟断面水质保持为地表水Ⅲ类标准；茅洲河共和村断面水质由Ⅳ类变为Ⅲ类，水质有所改善；深圳河河口断面水质保持为地表水Ⅳ类标准。深圳市的其他主要河流中，盐田河和大沙河水质达到地表水Ⅱ类标准；福田河、深圳水库排洪河、新洲河、凤塘河和西乡河水质达到地表水Ⅲ类标准；布吉河和王母河水质达到地表水Ⅳ类标准。深圳市的河流污染物主要为氨氮和总磷。

## 145. 深圳市近岸海域的水环境质量如何?

深圳市近岸海域主要包括“四湾一口”，即东部海域的大鹏湾、大亚湾，西部海域的深圳湾、珠江口海域以及深汕特别合作区的红海湾，面积共 2297 $km^2$（含深汕特别合作区 1152 $km^2$），海岸线全长 311.4 km（含深汕特别合作区 50.9 km），岛屿及岛礁 51 个，自然沙滩 56 处。其中，东部海域和红海湾海域水质常年保持优良水平，达到海水水质第一类和第二类标准；西部海域水质劣于第四类标准，水质状况较差，主要污染物为无机氮和活性磷酸盐。

## 146. 深圳市地下水环境质量如何?

深圳市地下水国考点位包括 6 个区域环境质量点位、2 个污染源风险控制点位。2022 年，6 个国考地下水区域环境质量点位、2 个国考污染源风险控制点位水质均为Ⅳ类水及以上，达到考核要求。

## 147. 深圳市饮用水水源的水环境质量如何?

截至 2022 年，深圳市共有 34 座饮用水水源地，除东涌水库和打马坜水库因工程施工尚未开展监测外，其他水库水质均达到或优于国家地表水III类标准，水质达标率为 100%。其中 3 座（红花岭水库下库、大坑水库、岭澳水库）达到地表水 I 类标准，水质为优；24 座（深圳水库、梅林水库、铁岗水库、石岩水库、罗田水库、清林径水库、赤坳水库、松子坑水库、枫木浪水库、铜锣径水库、径心水库、三洲田水库、红花岭水库上库、红花岭上洞坳水库、罗屋田水库、鹅颈水库、长岭皮水库、香车水库、公明水库、洞梓水库、窑坡水库、下径水库、三角山水库、小漠水库）达到地表水 II 类标准，水质为优；5 座（西丽水库、茜坑水库、龙口水库、雁田水库、泗马岭水库）达到地表水III类标准，水质良好。

## 148. 深圳市饮用水水源保护区基本情况如何?

截至 2022 年 7 月 12 日，深圳市共划定饮用水水源保护区 26 个（不含深汕特别合作区），涉及 29 座饮用水水源水库，已批复的饮用水水源保护区总面积为 363.07 $km^2$，其中一级保护区 115.46 $km^2$，二级保护区 132.52 $km^2$，准保护区 115.09 $km^2$。

深汕特别合作区共 5 座水库划定为饮用水水源保护区，分别是窑坡水库、下径水库、小漠水库、泗马岭水库和三角山水库饮用水水源保护区，总面积 18.32 $km^2$，其中一级保护区 15.32 $km^2$，二级保护区 3.00 $km^2$。

根据《广东省人民政府关于调整深圳市部分饮用水水源保护区的批复》（粤府函〔2018〕424 号）和《深圳市人民政府关于明确长岭皮水库、铁岗—石岩水库饮用水水源保护区优化调整事宜的通知》（深府函〔2021〕291 号），待水质保障工程完工，市生态环境局会同市水务局验收核准后，由市政府发文生效相应优化调整方案。截至 2022 年 7 月 12 日，深圳市已生效的饮用水水源保护区的总面积为 364.48 $km^2$（长岭皮水库饮用水水源保护区已生效），其中一级保护区 123.86 $km^2$，二级保护区 189.63 $km^2$，准保护区 50.99 $km^2$。

## 149. 深圳市供水水质如何？

根据《深圳市 2022 年度城市供水水质督察实施方案》，深圳市水务局对全市 43 个水厂的出厂水和 64 个管网水进行了抽检，检测结果表明，依据《生活饮用水水质标准》（DB 4403/T 60—2020），受检 43 个出厂水水样的浑浊度、消毒剂（游离氯或二氧化氯）、肉眼可见物、pH、色度、菌落总数、总大肠菌群及臭和味共 8 项常规指标以及 64 个管网水水样的浑浊度、消毒剂（游离氯或二氧化氯）、肉眼可见物、色度、菌落总数、总大肠菌群及臭和味共 7 项常规指标全部符合该标准的规定，出厂水水样合格率为100%，管网水合格率为 100%。

# 第五篇

# 大气环境治理

# 150. 什么是大气层?

大气层由混合气体（氮气、氧气、氩气、二氧化碳等）组成，在重力作用下围绕着地球，笼罩着海洋和陆地，也被称为大气圈。大气层没有明确的边界，直到 1000 km 以上的高度仍有稀薄的气体和元素颗粒。世界气象组织（WMO）根据物理性质的变化，如成分、温度和密度，在垂直的、自下而上的方向将大气层分为五层：对流层、平流层、中间层、暖层和散逸层。大气污染问题通常起源于对流层。

对流层是地球大气层中最接近地面的一层，平均厚度为 12 km。对流层的高度因纬度而不同，在低纬度地区高，在高纬度地区低。平流层的空气受到强烈的向上和向下的对流，风向和风速经常变化。主要的大气现象如云、雾、雨、雪都发生在这一层，对人类生产和生活的影响最大。该层的温度随着高度的增加而降低。

从对流层顶部到 50～55 km 高度的一层是平流层。平流层含有大量的臭氧，它直接吸收太阳辐射。平流层水汽含量少，气流平稳，空气的垂直混合大大减少。大气层的污染通常不会延伸到平流层。

从平流层顶部到大约 85 km 高的大气区域是中间层，它几乎不包含臭氧。中间层的水汽非常少，几乎没有云层，但有相当强的垂直运动。

热层又称暖层，位于中间层以上。热层没有明显的顶部，通常认为在垂直方向上，气温从向上增温至转为等温时，为其上限。

散逸层，也称为外层，是大气层和星际空间之间的过渡区。该层的温度很少随着高度的增加而变化。

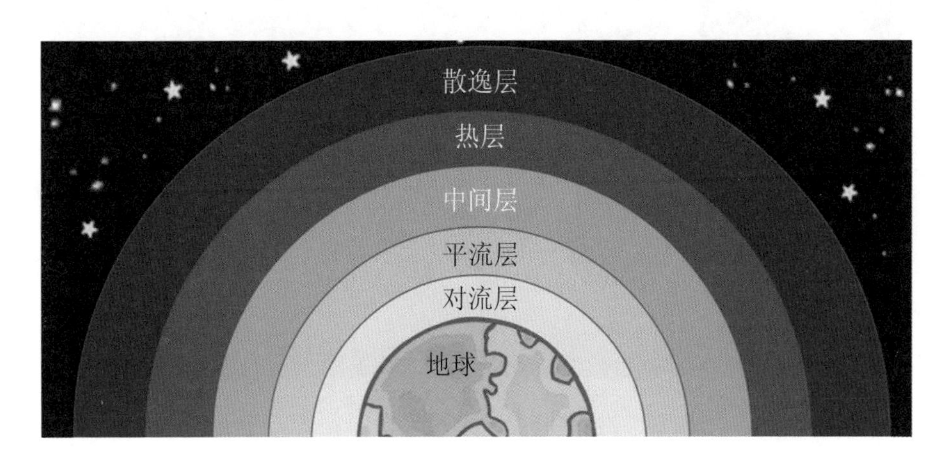


图 5-1 大气层

## 151. 什么是大气污染？大气污染对人体健康有哪些危害？

大气污染是指大气中污染物的浓度达到有害程度，以至于破坏生态系统和人类正常生存、发展的条件，对人和物造成伤害的现象。其原因包括自然因素（如火山爆发、森林事故、岩石风化等）和人为因素（如燃料燃烧、工业排放、车辆和船舶排放等）。

图 5-2 大气污染

大气污染不仅危害人类健康，而且会对环境、自然资源、生物体和生态系统产生负面影响。长期或短期吸入高浓度的污染空气会对人类健康造成各种损害。造成大气污染的物质被称为空气污染物。

表 5-1 列出一些主要大气污染物对人体健康的危害。

表 5-1 主要大气污染物对人体健康的危害

| 污染物 | 对人体健康的危害 |
| --- | --- |
| $SO_2$ | 可以被血液吸收，对全身都有毒性作用，它能破坏酶的活性，影响碳水化合物和蛋白质的代谢，对肝脏造成一定损伤 |
| $NO_2$ | 可以刺激呼吸器官，引起急性毒作用和慢性毒作用 |
| $PM_{10}$ | 导致呼吸系统发病率增高，特别是慢性阻塞性呼吸道疾病发病率显著增高 |
| $PM_{2.5}$ | 可能导致肺部弥漫性炎症，造成肺部损伤，或引发心血管疾病 |
| CO | 通过呼吸道吸入，与人体血红蛋白结合，造成人体缺氧而中毒 |
| $O_3$ | 吸入体内后，使不饱和脂肪酸氧化，从而造成细胞损伤，形成癌变 |

## 152. 什么是大气微型监测站？

大气微型监测站是用于监测环境空气质量的设备，主要由气态污染物检测模块、颗粒物检测模块、气象参数传感器、无线通信模块、供电及电源管理单元等组成。监测因子包括一氧化碳、二氧化硫、二氧化氮、臭氧、总挥发性有机化合物（TVOC）、$PM_{10}$、$PM_{2.5}$、风速、风向、温度、湿度、大气压力等。

## 153. 什么是一次污染物和二次污染物？

大气污染物是指由于人类活动和自然过程排入大气的并对人或环境产生有害影响的物质。大气污染物可分为以下两类：

一次污染物，是指从污染源直接排入大气中的原始污染物质，主要是二氧化硫、一氧化碳、氮氧化物、二氧化氮、颗粒物（飘尘、降尘、油烟等）、氨和含有氧、氮、氯、硫的有机化合物，以及放射性物质等。

二次污染物，是指排入环境中的一次污染物在物理、化学因素或生物的作用下发生变化，或与环境中其他物质发生反应所形成的物理、化学性状与一次污染物不同的新污染物，故又称继发性污染物。二次污染物一般比一次污染物对环境和人体的危害更大，如三氧化硫、硫酸、硝酸等。

## 154. 什么是无组织排放?

无组织排放是指空气污染物的排放是杂乱无章的、不规则的、不集中的，没有经过排气管的。反之则称为有组织排放，即空气污染物有规律地、集中地通过高位排气管（通常≥15 m）排放。有组织排放物几乎都是工业生产中的排放物，这些排放物容易集中清理，清理后排放浓度低，在高空容易散开。无组织排放源是指没有固定排放措施或排放高度小于 15 m 的陆地污染源，通常包括面源、线源和点源。例如，从户外堆放的大量材料的表面散布的是表面源，移动的车辆扬起的灰尘是线状源，从单个设备排放的有机物是点状源。低矮的排气管道的排放是有组织的，但在某些条件下会产生与逃逸性排放一样的后果。对无组织排放，可以根据《大气污染物无组织排放监测技术导则》（HJ/T 55—2000）进行监测，利用源头减量（如优化工艺流程、洒水抑尘、减少挥发性物质与空气接触）和有组织收集（如密闭后负压抽吸）的方式进行控制。

## 155. 空气质量如何衡量？

我们呼吸的空气中含有多种污染物，这些由自然活动、燃料燃烧和其他人为活动产生的气态和气溶胶（颗粒）污染物可能对公众健康和生态环境有害。空气污染会降低能见度并影响气候。对流层中的空气污染物通常在近地面会在数分钟到几小时内被分解，未分解的空气污染物在向高空扩散的过程中在数天到数周内被逐渐分解。空气质量好时，是清新的，只含有少量的固体颗粒和化学污染物。空气质量差，含有大量污染物时，通常是朦胧的，对人体健康和环境有害。空气质量可以用空气质量指数（AQI）来表示，它基于特定位置空气中存在的污染物浓度，依据《环境空气质量评价技术规范（试行）》（HJ 633—2013）和《环境空气质量标准》（GB 3095—2012）来计算。

## 156. 什么是空气质量指数？

空气质量指数（Air Quality Index，AQI）是定量描述空气质量状况的无量纲指数，是 2012 年 3 月国家发布的空气质量评价标准。AQI 计算与评价的污染物包括二氧化硫、二氧化氮、$PM_{10}$、$PM_{2.5}$、一氧化碳和臭氧。AQI 计算与评价的过程大致可分为三步：第一步是根据六项污染物的实测浓度值分别计算得出空气质量分指数（Individual Air Quality Index，IAQI）；第二步是从各项污染物的 IAQI 中选择最大值确定为 AQI，当 AQI＞50 时，将 IAQI 最大的污染物确定为首要污染物；第三步是对照 AQI 分级标准，确定空气质量级别、类别及表征颜色、健康影响与建议采取的措施。AQI 的数值越大、级别和类别越高、表征颜色越深，说明空气污染状况越严重，对人体的健康危害也就越大。AQI 数值与污染等级分类见表 5-2。

表 5-2 AQI 数值与污染等级分类表

| AQI 范围 | 空气质量级别 | 空气质量类别 | 污染等级表征颜色 | 健康影响 | 应对措施 |
| --- | --- | --- | --- | --- | --- |
| 0～50 | 一级 | 优 | 绿色 | 无 | 无 |
| 51～100 | 二级 | 良 | 黄色 | 空气质量可接受，某些污染物可能对极少数异常敏感人群的健康有较弱影响 | 极少数异常敏感人群减少户外活动 |
| 101～150 | 三级 | 轻度污染 | 橙色 | 易感人群症状有轻度加剧，健康人群出现刺激症状 | 儿童、老年人及心脏病、呼吸系统疾病患者应减少长时间、高强度的户外锻炼 |
| 151～200 | 四级 | 中度污染 | 红色 | 易感人群症状进一步加剧，可能对健康人群的心脏、呼吸系统有影响 | 儿童、老年人及心脏病、呼吸系统疾病患者应避免长时间、高强度的户外锻炼，一般人群适量减少户外运动 |

| AQI 范围 | 空气质量级别 | 空气质量类别 | 污染等级表征颜色 | 健康影响 | 应对措施 |
|---|---|---|---|---|---|
| 201～300 | 五级 | 重度污染 | 紫色 | 心脏病和肺病患者症状显著加剧，运动耐受力降低，健康人群普遍出现症状 | 儿童、老年人及心脏病、呼吸系统疾病患者应停留在室内，停止户外活动，一般人群适量减少户外运动 |
| ＞300 | 六级 | 严重污染 | 褐红色 | 健康人群运动耐受力降低，有明显症状，提前出现某些疾病 | 儿童、老年人和病人应当留在室内，避免体力消耗，一般人群应避免户外活动 |

## 157. 什么是环境空气质量标准?

环境空气质量标准是为保护人体健康和生态环境，对大气中各种污染物允许含量所作的限值规定，是制定大气污染防治规划和大气污染物排放标准的依据，也是环境管理部门对环境空气质量改善情况进行考核评价的依据。我国现行的环境空气质量标准指标如表 5-3 所示。

表 5-3　我国现行的环境空气质量标准指标

| 污染物项目 | 平均时间 | 浓度限值 | | 单位 |
|---|---|---|---|---|
| | | 一级 | 二级 | |
| $SO_2$ | 年平均 | 20 | 60 | μg/m$^3$ |
| | 24 小时平均 | 50 | 150 | |
| | 1 小时平均 | 150 | 500 | |

| 污染物项目 | 平均时间 | 浓度限值 | | 单位 |
| --- | --- | --- | --- | --- |
| | | 一级 | 二级 | |
| $NO_2$ | 年平均 | 40 | 40 | |
| | 24 小时平均 | 80 | 80 | |
| | 1 小时平均 | 200 | 200 | |
| CO | 24 小时平均 | 4 | 4 | $mg/m^3$ |
| | 1 小时平均 | 10 | 10 | |
| $O_3$ | 日最大 8 小时平均 | 100 | 160 | $\mu g/m^3$ |
| | 1 小时平均 | 160 | 200 | |
| $PM_{10}$ | 年平均 | 40 | 70 | |
| | 24 小时平均 | 50 | 150 | |
| $PM_{2.5}$ | 年平均 | 15 | 35 | |
| | 24 小时平均 | 35 | 75 | |

注：一类区适用一级浓度限值，一类区为自然保护区、风景名胜区和其他需要特殊保护的区域；二类区适用二级浓度限值，二类区为居住区、商业交通居民混合区、文化区、工业区和农村地区。

## 158. 什么是酸雨？

酸雨是指 pH＜5.6 的雨雪或其他形式的降水，主要是人为排放的二氧化硫、氮氧化物溶解在降水中生成硫酸、硝酸等酸性物质造成的。酸雨中的酸性物质不仅来自工厂、汽车尾气等人类活动，也来自自然活动，如森林火灾、闪电等，但其贡献较少。酸雨分为硝酸型酸雨和硫酸型酸雨。我国的酸雨主要是因含硫量高的煤燃烧而形成，多为硫酸雨，少为硝酸雨。随着近年来我国加强烟气脱硫工作，酸雨中的硫酸根比例逐渐降低，一些区域的酸雨类型已经转变为硫酸—硝酸混合型。酸雨可导致土壤酸化，影响植物生长，腐蚀建筑物，直接落在人体上也会产生刺激效应。总体上，我国酸雨出现的区域和频次已显著降低。从 2021 年 1 月 1 日起，我国正式启动酸雨自动观测业务，这提高了酸雨观测数据质量。

图 5-3　酸雨会对环境带来广泛的危害

## 159. 什么是硫氧化物？

硫氧化物（$SO_x$）是由硫和氧两种元素构成的化合物，包括二氧化硫、三氧化硫、硫酸酐、三氧化二硫（$S_2O_3$）、一氧化硫、七氧化二硫（$S_2O_7$）和四氧化硫（$SO_4$），在大气中比较重要的是二氧化硫和三氧化硫。硫氧化物是全球硫循环中的重要化学物质，它与水滴、粉尘并存于大气中。大气中的硫氧化物主要来自化石燃料的燃烧和工业废气的排放。由于颗粒物中过渡金属的催化，二氧化硫和三氧化硫这些酸性气体被氧化生成硫酸，造成酸雨。硫氧化物本身也会刺激人的呼吸系统，诱发慢性呼吸道疾病，甚至引起肺水肿和肺心性疾病。如果大气中的细颗粒物吸附了高浓度的硫氧化物再进入肺的深处，就会加重健康威胁。采用燃料脱硫、烟气脱硫等技术可以降低或消除硫氧化物的排放。

## 160. 什么是氮氧化物？

氮氧化物（$NO_x$）是指由氮和氧两种元素组成的一类化合物，如氧化亚氮（$N_2O$）、一氧化氮（NO）、二氧化氮（$NO_2$）、三氧化二氮（$N_2O_3$）、四氧化二氮（$N_2O_4$）和五氧化二氮（$N_2O_5$）等。除氧化亚氮及二氧化氮外，其他氮氧化物均不稳定，遇光、湿或热变成二氧化氮及一氧化氮，一氧化氮又变为二氧化氮。因此，生产中排放的大气污染物主要是一氧化氮和二氧化氮，并以二氧化氮为主。氮氧化物既是形成酸雨的主要物质之一，也是形成光化学烟雾的重要物质和消耗臭氧的重要因子。天然排放的氮氧化物，主要来自土壤和海洋中有机物的分解，属于自然界的氮循环过程。人为活动排放的氮氧化物，大部分来自化石燃料的燃烧过程，也来自生产、使用硝酸的过程。要减少人为氮氧化物的排放，就需要对燃烧烟气、机动车尾气、工业废气等进行脱硝，即通过催化还原（将氮氧化物还原为氮气）或碱液吸收（生成硝酸盐或亚硝酸盐等）等手段将烟气中的氮氧化物去除。

## 161. 为什么要控制氮氧化物排放？

大气中的氮氧化物溶于水后会生成硝酸雨。酸雨会对环境造成广泛的破坏，导致巨大的经济损失，例如，腐蚀建筑物和工业设备；破坏文物和户外纪念物；破坏植物叶片，导致森林死亡；使湖泊中的鱼虾死亡；破坏土壤成分，使农作物减产甚至死亡；饮用酸化的地下水对人类是有害的。氮氧化物也直接危害人类健康，氮氧化物的浓度越高，毒性越大，因为它很容易与动物血液中的血红蛋白结合，使血液中缺氧而导致中枢神经系统瘫痪。氮氧化物和汽车尾气排出的碳氢化合物在太阳紫外线的作用下，会生成一种浅蓝色的有毒物质（硝基化合物），被称为光化学烟雾。

## 162. 什么是光化学烟雾？

光化学烟雾是大量聚集的碳氢化合物在阳光紫外线的作用下，与空气中的氧气、氮氧化物发生化学反应而产生的成分复杂的有毒气体。光化学烟雾的产生主要需要三种物质的参与：碳氢化合物、氮氧化物以及氧气。这个过程包含以下几类反应：二氧化氮在阳光照射下与氧气反应生成臭氧；碳氢化合物在一氧化氮、氧气、臭氧作用下生成醛、酮、醇、酸等化合物及其中间产物过氧自由基，这些自由基促使一氧化氮生成二氧化氮，进一步生成臭氧和过氧乙酰硝酸酯，后者为强氧化剂，常温下为气体，易分解生成硝酸甲酯（$CH_3NO_3$）、二氧化氮、硝酸等。光化学烟雾可以引发人体健康问题，如眼睛、呼吸道、神经系统损伤，也会危害植物生长、破坏建筑物材料。

## 163. 什么是臭氧？

臭氧（$O_3$）是一种在常温下有特殊臭味的浅蓝色气体。自然界的臭氧大部分分布在距地面 15～30 km 的大气平流层中，这里称为臭氧层。臭氧层中的臭氧主要由紫外线辐射产生。阳光中的紫外线分为长波、中波和短波三种，当大气中的氧分子（含 21%）受到短波紫外线照射时，氧分子会分解成原子状态。氧原子极不稳定，很容易与其他物质发生反应，当它与氧分子反应时，就形成了臭氧，臭氧形成后，由于其比重大于氧气，会逐渐落到臭氧层的底部。在降落过程中随着温度的变化（上升），臭氧的不稳定性愈趋明显，再受到长波紫外线的照射，再度还原为氧。臭氧层就是保持了这种氧气与臭氧相互转换的动态平衡，能够强烈地吸收太阳紫外辐射，像一道天然屏障保护着地球生物圈，使动植物免受危害，因此臭氧层被称为“地球的保护伞”，此处的臭氧也被称为“好臭氧”，需要加以保护。

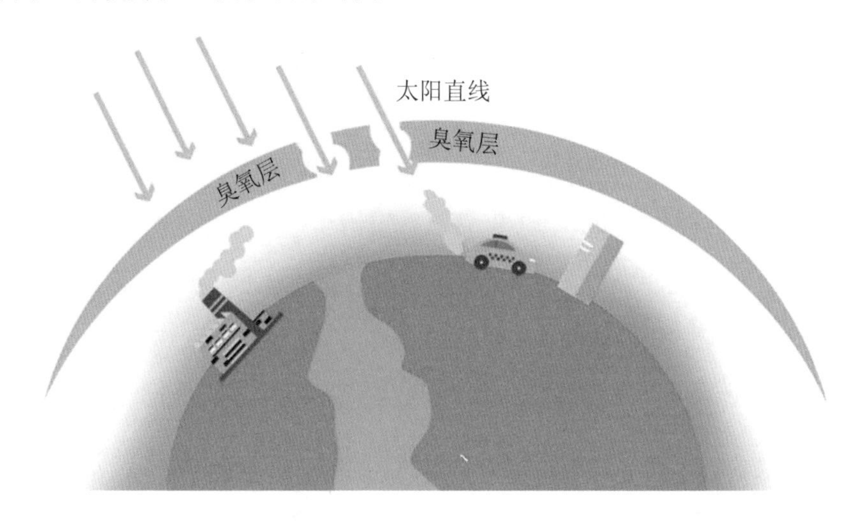


图 5-4　臭氧层是地球的一道天然屏障

但当臭氧存在于近地面的环境空气中，且其浓度水平达到不健康级别时，则会对人体呼吸道、中枢神经系统、皮肤、眼睛等有刺激危害，被称为“臭氧污染”。近地面的臭氧主要是由机动车、工厂等污染源排放出的挥发性有机化合物和氮氧化物在太阳光

（紫外线）的照射下，经过一系列复杂的光化学反应生成。由于在地面生成臭氧通常需要大量的太阳光照射，因而在夏季臭氧污染物可能生成得更多。此外，闪电（高压放电）电离空气中的氧气也会形成臭氧，如雷雨过后人们会闻到一种特殊的清新味道，实际就是空气中的臭氧浓度提高了。

## 164. 臭氧污染形成的气象和气候因素有哪些?

臭氧是光化学反应的产物，臭氧浓度的高低与温度、湿度、辐射、边界层高度等气象要素密切相关，高温、低湿、光照充足的气象条件有利于臭氧污染形成。不同尺度的天气和气候变化对臭氧的影响程度不同，短期臭氧污染受气象因素诱导，长期臭氧污染在一定程度上受气候变化的影响，气候变化可以通过极端天气发生的频率和强度来影响臭氧浓度。气象条件主要通过以下途径影响臭氧浓度：①影响臭氧及前体物的输送和扩散过程；②辐射和气温等气象要素的变化导致大气氧化性发生变化，进而影响臭氧的光化学形成；③影响植被挥发性有机物等的排放发生变化，间接影响臭氧浓度。

需要注意的是，在中国，这些要素对臭氧的影响存在较大的空间和时间差异，具体的定量分析必须考虑区域气象和前体物排放特征。这也是臭氧防控策略必须因地制宜的原因之一。

在一年中，臭氧污染通常从每年的 4 月开始，持续到 10 月，

6—8 月的浓度较高。随着气温的升高和紫外线辐射的加强，每天的臭氧浓度在早上增加，并在 13—15 点保持高浓度，直到 17 点左右，随着辐射的减弱逐渐降低。因此，一般来说，在夏季，臭氧浓度在 15 点左右是最高的。

## 165. 什么是消耗臭氧层物质？

处于大气平流层区域中的臭氧层能吸收绝大部分的太阳紫外线。如果臭氧层被破坏，将导致人类白内障和皮肤癌等疾病发病率上升、豆类瓜果类农作物大量减产、水生生态系统遭到破坏、建筑材料加速老化等严重后果。

能对臭氧层造成破坏的人造化学物质统称为消耗臭氧层物质（ODS），主要包括全氯氟烃（CFCs）、哈龙、四氯化碳、甲基氯仿、含氢氯氟烃（HCFCs）等，这些物质作为制冷剂、发泡剂、清洗剂、气雾剂、杀虫剂等广泛应用于冰箱、空调、电子产品、灭火器、泡沫、发胶等的生产和使用中。根据我国政府签署加入的《关于消耗臭氧层物质的蒙特利尔议定书》，我国应于 2040 年前淘汰所有的消耗臭氧层物质。

## 166. 什么是《基加利修正案》？

为了保护臭氧层和人类共同的家园，国际社会于 1987 年达成了《关于消耗臭氧层物质的蒙特利尔议定书》(以下简称《议定书》),旨在逐步停止生产和使用消耗臭氧层的化学品。《议定书》为逐步淘汰消耗臭氧层物质设定了具体可执行的任务。在各缔约国和国际社会的共同努力下,全世界成功淘汰了 99%的消耗臭氧层物质。

2016 年,《议定书》第 28 次缔约方会议达成《〈关于消耗臭氧层物质的蒙特利尔议定书〉基加利修正案》(以下简称《基加利修正案》),旨在限控温室气体氢氟碳化物(HFCs),开启了协同应对臭氧层损耗和气候变化的新篇章。HFCs 是一类人工合成的强效温室气体,是消耗臭氧层物质的主要替代品之一,其全球变暖潜能值(GWP)是二氧化碳的几十至上万倍。HFCs 主要包括 HFC-32、HFC-125、HFC-134a、HFC-152a 等 18 种物质,广泛应用于汽车空调、家用制冷、工商制冷、泡沫、消防、气雾剂等行业。根据《基加利修正案》规定的 HFCs 削减时间表,我国应从 2024 年起将受控用途的 HFCs 的生产和使用水平冻结在基线水平,2029 年起 HFCs 的生产和使用不超过基线的 90%,2035 年起不超过基线的 70%,2040 年起不超过基线的 50%,2045 年起不超过基线的 20%。

## 167. 什么是挥发性有机物?它有什么危害?

挥发性有机物,常用 VOCs(Volatile Organic Compounds)表示,总挥发性有机物用 TVOC 表示。根据世界卫生组织(WHO)

的定义，VOCs 是指在常温下，沸点 50～260℃的各种有机化合物。一般分为非甲烷碳氢化合物、含氧有机化合物、卤代烃、含氮有机化合物、含硫有机化合物等几大类。

大多数 VOCs 是有毒的，有些 VOCs 是致癌的。例如，大气中的苯、多环芳烃、芳香胺、树脂化合物、醛类、亚硝胺等有害物质对人体有致癌作用或产生真性肿瘤；一些芳香胺、醛类、卤代烷烃及其衍生物、氯乙烯等具有诱变作用。大多数 VOCs 是易燃、易爆和不安全的。

VOCs 在阳光照射下，与大气中的氮氧化合物、碳氢化合物与氧化剂发生光化学反应，生成光化学烟雾，危害人体健康和作物生长，如光化学烟雾刺激人的眼睛和呼吸系统，烃类 VOCs 可破坏臭氧层等。

## 168. 如何控制 VOCs 排放？

VOCs 排入环境空气后，其在大气中的含量由气象条件和大气化学转化条件决定，不受人类控制。因此，人类只能通过减少 VOCs 的排放来降低环境空气中 VOCs 的含量。空气中的 VOCs 一部分来自人为排放源，另一部分来自植物等自然排放源。自然源排放很难被人类控制，所以我们能做的就是降低人为排放 VOCs 的强度：一是对含有 VOCs 的各种废气进行处理；二是对生产过程中的 VOCs 泄漏进行封堵或回收；三是减少化石燃料的使用，减少对各种含 VOCs 物质的使用，从源头控制 VOCs 污染物的产生。

图 5-5 降低 VOCs 人为排放

## 169. 机动车尾气的主要污染物及危害有哪些？

机动车尾气是指机动车在运行过程中所产生的尾气，其中的主要污染物有颗粒物、一氧化碳、二氧化碳、二氧化硫、碳氢化合物、氮氧化物、铅化合物等。

机动车尾气中的碳氢化合物和氮氧化合物在阳光作用下发生化学反应生成臭氧，和大气中的其他成分结合形成光化学烟雾。其对人体健康的危害主要表现为刺激眼睛，引起红眼病；刺激鼻子、咽喉、气管和肺部，引起慢性呼吸系统疾病。

机动车尾气中一氧化碳的含量最高，它可经呼吸道进入肺泡，被血液吸收，与血红蛋白相结合，形成碳氧血红蛋白，降低血液的载氧能力，削弱血液对人体组织的供氧量，导致组织缺氧，从而引起头痛等症状，严重者甚至窒息死亡。

铅化合物可随呼吸进入血液，并迅速地蓄积到人体的骨骼和牙齿中，它们会干扰血红素的合成、侵袭红细胞，引起贫血，损害神经系统，严重时损害脑细胞，引起脑损伤。

机动车尾气中的二氧化硫和颗粒物，会增加慢性呼吸道疾病的发病率，伤害肺功能。另外，苯并[*a*]芘是致癌物质，会诱发肺癌等疾病。

## 170. 汽油车与柴油车排放的污染物有何区别?

汽油车和柴油车由于使用的燃料不同，发动机结构、混合气形成方式和燃烧方式不同，其污染物排放部位和类型也有所不同。汽油车有三个部分排放污染物：曲轴箱、供油系统和排气管。曲轴箱排放的污染物是未燃烧的混合气，从曲轴箱泄漏到大气中，主要成分是碳氢化合物。整个供油系统从油箱、燃油管到化油器都会随着环境温度的升高而蒸发出碳氢化合物。排气管排放的污染物量最大，主要是燃料燃烧后的产物，如一氧化碳和氮氧化物。柴油车污染物的排放部位主要是排气管，排放的主要物质为颗粒物和氮氧化合物。

## 171. 汽油车（也包括天然气车）尾气如何净化?

汽油车的排放物主要是一氧化碳、碳氢化合物和少量氮氧化合物，颗粒物含量较低。汽油车通常采用当量燃烧技术，没有过量空气进入，汽油燃烧不充分时会生成大量的一氧化碳和碳氢化合物，但由于较少富氧燃烧，氮氧化物生成量较少。尾气主要通过安装在排气管路上的三元催化器来净化，一氧化碳被氧化成二氧化碳，碳氢化合物被氧化成二氧化碳和水，氮氧化合物转化为氮气和氧气。催化剂一般采用铂族金属（如钯、铂、铑、钌、锇）或稀土材料制成，价格较贵。

## 172. 柴油车尾气如何净化?

柴油车的排放物主要是颗粒物和氮氧化合物。柴油被喷到气缸里时很难达到理想的雾化效果，呈现局部缺氧、局部富氧的状态。柴油缺氧燃烧时会生成大量颗粒物；富氧燃烧时，因为氮气含量也很高，会生成大量氮氧化合物。针对柴油车排放出来的颗粒物，主要通过氧化型催化器（DOC）和颗粒捕集器（DPF）降低它的排放。针对氮氧化合物，主要通过选择性催化还原法（SCR）来处理，在催化剂的作用下，喷入排气管的尿素溶液会将氮氧化合物还原成无害的氮气和水。

## 173. 什么是环境空气 VOCs 走航监测？

环境空气 VOCs 走航监测是指驾驶移动监测车，在污染源集聚区范围内边行驶、边检测、边反馈。通过车载的质谱走航监测系统，对环境空气中的 VOCs 进行快速检测；根据检测出的污染物总浓度，描绘污染地图。生态环境部门从污染地图上可以很直观地看到区域及企业污染物排放情况，从而快速锁定重点污染区域。通过对重点污染区域、重点企业、重点工艺开展定点分析，准确掌握 VOCs 特征因子及排放状况，锁定疑似污染排放源头企业，开展精准执法和整治行动。

## 174. 机动车尾气检测主要检测哪几项？

机动车尾气检测主要检测一氧化碳、二氧化碳、氮氧化合物、碳氢化合物、不透光烟度等 5 个指标。其中一氧化碳、碳氢化合物、不透光烟度的限值参数，按照广东省地方标准《在用汽车排气污染物限值及检测方法（遥测法）》（DB44/T 594—2009）执行；广东省地方标准中没有列出氮氧化合物限值参数的，则参考陕西省地方标准《在用汽车排气污染物限值及检测方法（遥测法）》（DB61/T 1046—2016）中关于氮氧化合物的限值。黑烟车的手工检测，按照《柴油车污染物排放限值及测量方法（自由加速法及加载超速法）》（GB 3847—2018）执行。排气污染物排放限值见表5-4。

表 5-4 排气污染物排放限值

| 车辆登记日期 | 汽油车（包括液化石油气和天然气） | | 柴油车 |
|---|---|---|---|
| | CO/% | HC/$10^{-6}$ | 不透光烟度限值/% |
| 2001 年 10 月 1 日前 | 4.0 | 1200 | 30 |
| 2001 年 10 月 1 日后 | 2.0 | 600 | 25 |

## 175. 什么是机动车排气污染遥感检测？

当机动车经过时，遥感设备的光源系统发出一束光，穿透尾气烟羽，照射到另一侧的反射镜上，光束反射回接收器。根据反射光强度，可以计算出各种污染物与二氧化碳的相对比例。目前，通过遥感设备可以测量的污染物包括一氧化碳、一氧化氮、碳氢化合物等。

除了遥感设备，系统中还装有摄像头，可以记录车辆的车牌号。通过与数据库的对比，可以获得车辆的具体信息，包括制造商、车型、燃料类型、注册年份、排放标准、发动机排量等。

图 5-6　深圳市光明区使用的机动车尾气遥测车及设备

（深圳市生态环境局光明管理局提供）

## 176. 为什么机动车尾气检测人员使用“望远镜”一望可知尾气超标？

机动车尾气检测人员使用的“望远镜”是黑烟车手工检测中的林格曼黑度计，也称林格曼测烟望远镜。这种仪器把各国通用的标准林格曼烟气浓度图浓缩制作在一块玻璃上，可对烟气黑度进行目测，对比从望远镜中看到的林格曼图像，就可以确定烟气的黑度。检测人员通过望远镜左侧的目镜将烟尘目标与该级灰度阶梯块比较，从而测定烟气黑度标准等级。林格曼黑度计的工作距离为 10～500 m，黑度等级为 0～5 级，2 级以上即为超标。目前，深圳市生态环境部门针对柴油车的尾气排放主要采用林格曼黑度计进行测定。

图 5-7　使用“望远镜”进行黑烟车检测

（深圳市生态环境局光明管理局提供）

## 177. 什么是恶臭气体?

恶臭气体是指刺激人体嗅觉器官、引起人们不愉快及损害生活环境的气体物质，主要来自工业生产、污水污泥和垃圾处理过程。恶臭气体的产生源包括化学制药、橡胶塑料、油漆涂料、印染皮革、牲畜养殖和发酵制药等。不同的处理设施及过程会产生不同的恶臭气体，污水处理厂的臭气主要是硫化氢，污泥处理过程中产生的臭气有硫化氢、氨气、挥发性有机酸、二甲基硫、甲硫醚、甲硫醇等。恶臭气体种类繁多，来源广泛，可对人的呼吸、消化、心血管、内分泌和神经系统造成不同程度的毒害。苯、甲苯、苯乙烯等芳香族化合物也会使人体产生畸变、癌变。臭气浓度指恶臭气体（含异味）用无臭空气进行稀释，稀释到刚好无臭时，所需的稀释倍数。当臭气浓度超过相应标准时，需要收集臭气进行处理，处理工艺主要包括物理吸附、化学洗涤、高级氧化和生物除臭等。

## 178. 什么是嗅辨员？

臭气成分复杂，往往一种臭气中含有多种化合物。许多化合物单独存在时臭味并不明显，难以单独划定质量浓度限值，而许多低浓度化合物在一起时可能产生明显的臭味，因此臭味的检测适合采用综合指标。臭味本身依赖于人体感受，因此臭气浓度是通过嗅辨员判定的。嗅辨员经过考试合格后上岗，用鼻子鉴定空气中的臭气浓度。从现场采集空气样本后，与纯净空气进行混合稀释，置于恶嗅测试专用袋中。嗅辨员在稀释后样本空气袋和两个纯净空气袋之间进行“唯一指认”，作出独立判断并记录嗅辨结果。通过增加稀释倍数，进行多次检测，直至嗅辨员分辨不出异样空气为止。嗅辨员应了解恶臭物质的化学常识和感官体会，具有对不同恶臭的描述能力，不吸烟、不喝酒、不涂抹化妆品、不能有鼻炎等疾病。

## 179. 什么是二噁英？

二噁英是一类有毒化合物，包括多氯二苯并-对-二噁英（PCDDs）和多氯二苯并呋喃（PCDFs）。结构和化学性质类二噁英的多氯联苯（PCBs）也具有相似毒性，也常归于二噁英名下。大约有 419 种类似二噁英的化合物被确定，但只有近 30 种被认为具有相当的毒性，其中以 2,3,7,8-四氯二苯并-对-二噁英（TCDD）的毒性最大。为了表征二噁英的总体浓度，一般以 TCDD 的毒性为 1，其他二噁英类化合物的毒性与其相比，获得无当量因子，然后将所有二噁英类化合物的无当量毒性因子加和，可以获得二噁英毒性当量（TEQ）。二噁英主要是工业过程中的副产品，如金属冶炼、纸浆氯漂白、有机农药制造和垃圾焚烧等，但也可能来自自然过程，如火山爆发和森林火灾。环境中的二噁英主要聚积在土壤、沉淀物和食品中。

预防或减少人类接触二噁英，应严格控制工业过程，尽可能减少二噁英的形成。对于垃圾焚烧，需要控制焚烧条件并进行严格的烟气净化。人类接触二噁英，90%以上是通过食品，其中主要是肉制品和乳制品、鱼类和贝类。因此，保障食品安全供应是关键。国际食品法典委员会于2001年通过了《瞄准源头降低食品中化学品污染的措施的操作规程》（CAC/RCP 49—2001），在2006年通过了《预防和降低食品和饲料中二噁英和类二噁英多氯联苯污染的操作规程》（CAC/RCP 62—2006）。此外，还需要避免在食品链中对食品造成二次污染。遭污染的动物饲料往往是食品污染的根源，因此饲料和食物生产商有责任确保原材料的安全以及生产过程的安全。

## 180. 什么是$PM_{2.5}$？$PM_{2.5}$有哪些危害？

空气中的颗粒物可以按空气动力学当量直径分级。$PM_{50}$是大气中空气动力学当量直径≤50 μm的颗粒物，也是肉眼可见的最小颗粒物，可以进入鼻腔，但无法继续前进。$PM_{10}$是大气中空气动力学当量直径≤10 μm的颗粒物，可以到达咽喉等上呼吸道，又称为可吸入颗粒物，是空气质量监测的重要指标。可吸入颗粒物在环境空气中长期存在，对人体健康和大气能见度有很大影响，它通常来自在未铺设沥青和水泥道路上行驶的机动车、材料的粉碎和研磨过程以及被风扬起的灰尘。可吸入颗粒物被吸入后会在呼吸系统中积累，引起多种疾病，对人体造成极大危害。

$PM_{2.5}$是大气中空气动力学当量直径≤2.5 μm的颗粒物，又称细颗粒物，可进入肺部。$PM_{2.5}$虽然只是地球大气成分中的一小部分，但它对空气质量、能见度和人体健康都有重要影响。与粗大的大气颗粒物相比，细颗粒物粒径较小，富含大量有毒有害物质，且在大气中停留时间长，运输距离远，因而对人体健康和大气环境质量的影响更大。研究表明，颗粒越小，对人体健康的危害越大。细颗粒物能飘到较远的地方，因此影响范围较大。

$PM_{2.5}$对人体健康的危害更大，因为直径越小，进入呼吸道的部位越深。10 μm直径的颗粒物通常沉积在上呼吸道，2 μm以下的可深入到细支气管和肺泡。细颗粒物进入人体到达肺泡后，直接影响肺的通气功能，使机体容易处在缺氧状态下。

已经有大量流行病学证据表明，$PM_{2.5}$有急性与慢性健康效应。急性健康效应体现在高$PM_{2.5}$暴露增加患急性呼吸道疾病与心脑血管疾病的风险，慢性毒性体现在$PM_{2.5}$可能诱发肺癌、COPD（慢性阻塞型肺炎）、心脑血管疾病等慢性疾病。也有研究表明，暴露在细颗粒物中会影响人的免疫系统、神经系统等。

## 181. 空气中$PM_{2.5}$的来源有哪些？

$PM_{2.5}$的成分很复杂，主要取决于其来源。其来源分为自然源和人为源两种，其中人为源危害较大。

自然源包括土壤扬尘（含有氧化物矿物和其他成分）、海盐（颗粒物的第二大来源，其组成与海水的成分类似）、植物花粉、孢子、细菌等。自然界中的灾害事件，如火山爆发向大气中排放了大量的火山灰，森林大火或裸露的煤原大火及尘暴事件都会将大量 $PM_{2.5}$ 输送到大气层中。

人为源包括固定源和流动源。固定源包括各种燃料燃烧源，如发电、冶金、石油、化学、纺织印染等工业过程以及供热、烹调过程中燃煤、燃气或燃油排放的烟尘。流动源主要是各类交通工具在运行过程中使用燃料时向大气中排放的尾气。$PM_{2.5}$ 可以由硫和氮的氧化物转化而成，而这些气体污染物往往是人类对化石燃料（煤、石油等）和垃圾的燃烧造成的。在发展中国家，煤炭燃烧是家庭取暖和能源供应的主要方式。没有先进废气处理装置的柴油汽车也是颗粒物的来源。燃烧柴油的卡车，因缺氧燃烧导致排放物中颗粒物较多。

## 182. 臭氧污染与 $PM_{2.5}$ 污染有什么关联?

目前，我国大气污染防治以 $PM_{2.5}$ 为重心。$PM_{2.5}$ 既可以由污染源直接排放（一次 $PM_{2.5}$），也会由大气光化学反应生成（二次 $PM_{2.5}$）。经过多年的努力，我国一次 $PM_{2.5}$ 的排放量已显著降低，部分地区 $PM_{2.5}$ 已转变为以二次生成为主，标志着大气复合污染防控进入了新的阶段。挥发性有机物和氮氧化物是臭氧与二次

$PM_{2.5}$生成的共同前体物，要降低臭氧与二次$PM_{2.5}$浓度，需要开展挥发性有机物和氮氧化物的协同控制。因此，臭氧污染与$PM_{2.5}$污染问题本质上同根同源，是复合型大气污染在不同季节的两种表现形式。

## 183. 什么是室内空气污染?

室内空气污染是指在封闭空间内的空气中存在对人体健康有危害的物质，并且浓度已经超过国家标准，达到可以伤害人体健康的程度，我们把此类现象总称为室内空气污染。室内空气污染物主要来自民用燃料消耗，烹饪产生的油烟，吸烟者产生的烟雾，进入室内的家具和化工产品，打印机、复印机等电器产品，同时，室内通风不畅也会加重污染物的积累。室内空气污染物主要有甲醛、苯、氨、放射性氡、一氧化碳等气体污染物，其次还可能有可吸入颗粒物（$PM_{10}$和$PM_{2.5}$），以及滋生的病毒、细菌、真菌等微生物，它们可能进入人体直接破坏人体健康或者通过排泄代谢产物间接威胁人体健康。针对室内空气污染，一方面要解决产生源的问题，另一方面可以使用空气净化设备去除污染物，并加强通风换气。

## 184. 室内空气中的甲醛有什么危害?

甲醛是制造油漆、合成树脂、人造纤维和塑料等材料的重要试剂。这些含有甲醛的材料被广泛应用于木材加工、纺织和防腐等领域。甲醛在这些材料中长期存在，且很难在短时间内完全散发，因此使用含有甲醛的家具后，甲醛对室内空气的污染具有持久性。甲醛在空气中超过一定浓度后，会增加受体的致癌风险和非致癌风险，如损伤人体的呼吸系统和免疫系统。我国 2003 年 3 月 1 日开始实施的《室内空气质量标准》(GB/T 18883—2002）规定，室内空气甲醛含量 1 小时均值须≤0.1 mg/m$^3$。

## 185. 深圳市空气质量如何?

2016—2021 年，深圳市空气质量良好，AQI 达标率（优、良）比例约为 95%。其中，2021 年，AQI 达到国家一级（优）的天数为 214 天，二级（良）天数为 137 天，AQI 达标率为 96.2%，在 168 个重点城市中排名第八位。深圳市目前的大气污染物主要是臭氧，臭氧日最大 8 小时平均浓度达到二级标准的天数比例为 96.4%。深圳市酸雨比例为 7.7%，pH 年均值为 6.13。以 2020 年为例，深圳市与国内外先进城市比较，结果如表 5-5 所示。

表 5-5 2020 年深圳市与国际、国内先进城市大气环境指标比较

| 城市 | $PM_{2.5}$/（μg/m³） | $O_3$/（μg/m³） | $PM_{10}$/（μg/m³） | AQI 达标率/% | $SO_2$/（μg/m³） | $NO_2$/（μg/m³） |
|---|---|---|---|---|---|---|
| 深圳 | 19 | 126 | 35 | 97.0 | 6 | 23 |
| 北京 | 38 | 174 | 56 | 75.4 | 4 | 29 |
| 上海 | 32 | 152 | 41 | 87.2 | 6 | 37 |
| 广州 | 23 | 160 | 43 | 90.4 | 7 | 36 |
| 香港[1] | 16 | — | 28 | — | 5 | 40 |
| 新加坡[2] | 15 | 150 | 29 | — | — | 26 |
| 洛杉矶[3] | 15.9 | 243 | 29 | — | 0 | 23 |
| 纽约[3] | 9.1 | 143 | — | — | 1 | 18 |
| 伦敦[1] | 9 | — | 18 | — | — | 29 |

注：1. 香港、伦敦两市数据根据各站点监测数据推算而得；

2. 新加坡市的数据更新至 2018 年，臭氧浓度为日最大 8 小时年度最高值；

3. 洛杉矶、纽约两市臭氧浓度为日最大 8 小时年度第四高值。

# 第六篇

# 土壤污染治理

## 186. 什么是土壤?

土壤是指陆地表层能够生长植物的疏松多孔物质层及其相关自然地理要素的综合体，由岩石风化而成的矿物质、生物残体分解产生的有机质、水分和空隙中的空气等组成。土壤有机质按其稳定程度分为新鲜有机质、半分解有机质和腐殖质。腐殖质是新鲜有机质经过复杂转化过程形成的灰黑土色胶体物质，是土壤有机质的主体。土壤含有多种营养元素，是陆生植物生活的基质和陆生动物生活的基底。土壤环境中含有多种生物，如细菌、真菌、放线菌、藻类、原生动物、轮虫、线虫、蚯蚓、软体动物和各种节肢动物等，少数高等动物（如鼹鼠等）终生都生活在土壤中，土壤与其内生长的各类生物构成了土壤生态系统。不合理的人类活动能改变土壤性质及其生态环境，造成农田土壤肥力减退、土壤严重流失、草原土壤沙化、土壤环境污染等。

## 187. 土壤中有哪些生物?

土壤中有多种多样的生物，其组成和活动取决于土壤的理化性质和当地的气候状况。土壤生物可分为土壤微生物和土壤动物。前者包括细菌、放线菌、真菌和藻类等类群；后者主要是无脊椎动物，包括环节动物、节肢动物、软体动物、线形动物和原生动物等。土壤微生物大多为异养型微生物，利用土壤有机物取得能量和营养成分，同时参与土壤有机物的矿化和腐殖化，促进营养元素的利用和循环。蚯蚓是典型的土壤动物，具有疏松土壤、改善肥效的作用。植物根际的某些微生物还能为植物提供氮营养。影响土壤生物繁衍生长的因素主要有土壤温度、湿度、通气状况和气体组成、pH 以及有机质和无机质的数量和组成等。农业活动如耕作、栽培、施肥、灌溉、排水和施用农药等也能影响土壤生物的生存和活动。

## 188. 土壤有哪些类型?

土壤按照组成可以分为砂质土、黏质土、壤土三类。砂质土含沙量多，颗粒粗糙，渗水速度快，保水性能差，通气性能好。黏质土含沙量少，颗粒细腻，渗水速度慢，保水性能好，通气性能差。壤土含沙量一般，颗粒一般，渗水速度一般，保水性能一般，通气性能一般。按照土壤性质进一步细分，我国主要有 15 种土壤类型，分别是砖红壤、赤红壤、红黄壤、黄棕壤、棕壤、暗棕壤、寒棕壤、褐土、黑钙土、栗钙土、棕钙土、黑垆土、荒漠土、高山草甸和高山漠土。其中，广东南部为亚热带季风气候区，主要是赤红壤，其风化淋溶作用略弱于砖红壤，颜色红，土层较厚，质地较黏重，肥力较差，呈酸性。

## 189. 有机食品对土壤有什么要求？

有机食品是指通过轮作、绿肥、堆肥、生物防治害虫等没有人工化学合成物质投入并不得使用辐射技术生产出来的食品。因此，用于有机食品生产的土壤应在三年内未施用过农药、化肥，同时不能有其他污染情况。为保持较高的生产力，种植有机食品时可以使用有机肥和生物除虫或生物提取液杀虫技术。

根据《有机产品》（GB/T 19630—2011）规定，有机食品生产基地应远离城区、工矿区、交通主干线、工业污染源、生活垃圾场等，产地土壤环境质量应符合《土壤环境质量　农用地土壤污染风险管控标准（试行）》（GB 15618—2018）的要求，农田灌溉用水水质质量应符合《农田灌溉水质标准》（GB 5084—2021）的规定，环境空气质量应符合《环境空气质量标准》（GB 3095—2012）中规定的二级标准。

## 190. 什么是土壤退化？

土壤退化是在自然和人为因素的影响下，由于外部侵蚀导致土壤质量及农林牧业生产力下降，乃至土壤环境全面恶化的现象。在侵蚀影响下，土壤退化可分为物理退化、化学退化、生物退化三方面；土壤荒漠化或石漠化乃至不可逆转是土壤退化的终极形式。土壤物理退化主要包括土层变薄、土壤沙化或砾石化、土壤板结紧实及土壤有效水下降等。土壤化学退化包括土壤有效养分含量降低、养分失衡、可溶性盐含量高、土壤酸化和碱化等。土壤生物退化主要是指土壤微生物多样性的减少、群落结构的改变、有害生物的增加，以及生物过程紊乱等。土壤退化主要是由土地利用不合理，特别是丘陵山区不科学的农业耕作措施引起的。防治土壤退化是一个系统工程，重点在于防治土壤水蚀和风蚀，对已严重退化的土壤须加强改土培肥或退耕还林还草等。

## 191. 什么是滨海盐土和酸性硫酸盐土?

南方沿海地区分布着滨海盐土和酸性硫酸盐土，以滨海盐土为主。滨海盐土是海相沉积物在海潮或高浓度地下水作用下形成的全剖面含盐的土壤，其特点是盐分组成单一，氯化物占绝对优势。我国滨海盐土主要分布在广东、广西、福建的海岸沿线低潮线以上的浅海滩地。

酸性硫酸盐土是发育于硫化物矿物成土母质的土壤，或者受硫化物矿物风化、酸化影响的土壤。广东沿海地区酸性硫酸盐土则是生长红树林后形成的滩涂土壤。红树林酸性硫酸盐土生态系统的生产力水平较高，对全球海洋沉积物中有机物质的贡献超过10%，还发挥着净化大气及水体、保护近海生物多样性、保护沿海堤岸及当地居民安全等生态功能。

## 192. 什么是土壤环境背景值?

土壤环境背景值又称自然本底值，是指土壤在未受污染的情况下，各种元素和化合物的含量。它反映了土壤环境质量的原始状态，是形成土壤的漫长地质时代中各种成土因素综合作用的结果。土壤环境背景值是一个相对的概念。它的值是一个范围值，而不是确定值，其大小因时间和空间的变化而不同。影响土壤环境背景值的因素主要有：①成土母岩、母质的影响，各种岩石的元素组成和含量不同是造成土壤背景值差异的根本原因，母岩在成土过程中各种元素重新分配；②地理、气候条件的影响，地形条件对成土、水分、热能等的重新分配有重要影响，导致土壤环境背景值产生差异；③人为活动的影响，人类的各种活动对土壤环境背景值产生影响。

## 193. 什么是土壤环境容量?

土壤环境容量又称土壤负载能力，是指在维持土壤正常结构和功能，保证农产品生物产量和质量的前提下，土壤环境所能承载的污染物的最大负荷。土壤的环境容量与土壤类型和污染物类型有关。例如，镉在酸性环境中具有较强的活性，其容量大小依次为草甸褐土＞草甸棕壤＞红壤性水稻土。土壤环境容量是污染物总量控制和环境管理的重要指标。及时限制人类破坏土壤环境的活动，进一步要求污染物排放必须限制在允许范围内，既能发挥土壤的净化功能，又能保证该系统处于良性循环。

## 194. 土壤环境质量标准有哪些？

土壤环境管理以风险评价为标准，现行的土壤标准包括《土壤环境质量　建设用地土壤污染风险管控标准（试行）》（GB 36600—2018）和《土壤环境质量　农用地土壤污染风险管控标准（试行）》（GB 15618—2018）等。建设用地实行分类管理，一类用地包括城市建设用地中的居住用地，公共管理与公共服务用地中的中小学用地、医疗卫生用地、社会福利设施用地，公园绿地中的社区公园或儿童公园用地等。二类用地主要是工业用地、物流仓储用地等。一类和二类建设用地均有筛选值和管制值两个评价标准。通过详细调查，如确定建设用地土壤中污染物含量高于风险管制值，对人体健康通常存在不可接受风险，应当采取风险管控或修复措施。农用地风险管控标准也有筛选值和管制值，未超筛选值的农用地属于优先保护类，应划为永久基本农田，实行严格保护；超筛选值、未超管制值的农用地，属于安全利用类，应采取安全利用措施；超管制值的农用地，属于严格管控类，应当进行风险管控。

## 195. 什么是土壤污染？背景值高是土壤污染吗？

土壤污染是指某些物质由于人为因素进入土地表层，引起土壤化学、物理、生物等方面特性的变化，影响土壤功能和有效利用，危害公众健康或破坏生态环境的现象。土壤污染具有隐蔽性、滞后性、非均匀性和不可逆性。土壤污染一旦发生，往往难以发现，需要通过开展土壤污染状况调查确定污染程度，且仅依靠切断污染源的方法很难恢复，治理土壤污染成本高、周期长、难度大。

土壤污染的定义不包括非人为因素。重金属是自然界固有的元素，如果土壤中重金属含量高只是在自然背景下形成的，则不是土壤污染。

## 196. 什么是污染场地？

污染场地是指因从事生产、经营、处理、贮存有毒有害物质，堆放、处理处置危险废物，以及采矿等活动造成土壤、水体等污染，且对人体健康和生态环境造成或者可能造成短期或者长期危害的场地。

典型污染场地包括工业企业搬迁后留下的厂房场地、矿山场地、污水灌溉农田以及环境事故导致的事故场地等。

## 197. 如何评估土壤污染风险？

土壤污染对人体健康的风险评估遵循一般风险评估步骤，即四步法。

（1）危害识别，识别污染物（或化学物质）的固有危害属性，主要是健康毒理特性，即是否会危害人体健康。

（2）剂量/效应评估，也就是确定污染物剂量与毒性效应之间的关系。简单来讲，就是多少剂量会产生不良反应。风险评估领域常说的一句话是：抛开剂量谈毒性都是“耍流氓”。比如，食盐通常认为是无毒的，但食用食盐过量，也会对身体造成损害。

（3）暴露评估，即对人体接触空气污染物的程度进行定量评价，通常以污染物的浓度和人体接触的时间为参考。

（4）风险表征，即通过定性或定量分析判断污染物对人体造成风险的程度，也就是风险评估的结论。

## 198. 土壤污染有哪些种类和来源？

土壤污染的种类主要为有机污染、重金属污染、放射性污染和病原微生物污染四大类。

（1）有机污染。主要来源是化学农药的生产和施用。农业使用的塑料薄膜如果回收处理不到位，也会成为土壤固体污染物。

石油开采、炼油和输油管道漏油也是有机污染物的另一主要来源。药品和个人护理用品等新兴污染物通过人类排泄、污水及剩余污泥排放、医药废水排放和养殖粪便排放等也可能进入土壤。

（2）重金属污染。大多数重金属污染物易被土壤颗粒吸附，因此易聚集于土壤颗粒表面，不容易污染地下水，但由于流动性差较难去除。污染土壤的重金属主要包括汞、镉、铅、铬和类金属砷等生物毒性显著的元素，以及有一定毒性的锌、铜、镍等元素。土壤中的重金属元素可能通过食物链不断地在生物体内富集，甚至转化为毒害性更大的甲基化合物，对食物链中某些生物产生毒害，或最终在人体内蓄积而危害健康。土壤中重金属污染的来源按其分类，可分为自然来源和人为来源。在自然来源中，土壤的成土母质及成土过程既影响土壤中重金属的含量，又使得重金属能在土壤环境中广泛分布；人为来源主要来自人类日常的生产、生活。此外，含重金属废弃物的堆积、金属矿山酸性废水污染，乃至于在饲料中添加高含量铜和锌作为肥料施入农田后也会对土壤造成危害，成为土壤重金属污染的重要来源。

（3）放射性污染。放射性物质一旦进入土壤后就难以自行消除，只能等待自然衰变为稳定元素使放射性自行消除。土壤中放射性污染的主要来源有两类：天然放射性来源和人为放射性来源，如科研放射性物质和核工业排放的废弃物。

（4）病原微生物污染。用未经处理的人畜粪便进行施肥，用未经处理的医用、工业污水进行灌溉，病畜尸体处理不当，垃圾、污泥等的不当使用都有可能使得大量细菌、放线菌、真菌、寄生虫卵及病毒进入土壤。大气中携带病原体的飘浮物、处理不当的医疗废弃物也可能造成土壤病原微生物污染。

## 199. 过量施用化肥有什么坏处？

化肥是用物化方法制成的含有一种或几种农作物生长需要的营养元素的肥料，主要包括氮肥、磷肥、钾肥、微肥、复合肥等。适量使用化肥可以增强土壤肥料，促进农作物增产，为解决人类粮食问题提供有力支撑。化肥应根据土壤性状、作物特点等进行科学施用。为了短期增产而过量施用化肥，可能导致土壤性状的恶化，同时化肥中的养分不能够被植物充分吸收，最终导致农作物品质下降。过量的养分还会随着降水冲刷进入地表径流，或者下渗至地下水，从而造成水体污染乃至富营养化。对许多地区来说，农田化肥的过量施用是流域面域污染的重要来源。

## 200. 能否使用污水灌溉农田？

在科学指导下合理开展污水灌溉，可以缓解我国农业的缺水压力，同时可以利用污水中的氮、磷等营养元素，以及钙、镁、锰、铜、锌、钼等多种微量元素，降低化肥施用，减少排放到水体中的污染物，降低污水的处理费用。相反，不恰当的污水灌溉可能导致难降解和持久性的污染物在农田中积累，特别是重金属；污水中的盐分和有毒物质也可能影响作物生长，还可能下渗到地下水中，影响地下水水质。在污水灌溉过程中，水中和挥发出来的污染物都可能接触人体，影响人体健康。因此，要使用污水灌溉农田，必须根据需要对污水进行适当的预处理，避免重金属、致病微生物等污染物进入农田中；施用时需要注意用量、作物种类和施用方法，避免对作物、土壤和人体产生危害。在农村地区，经过一定处理的生活污水可以考虑作为灌溉用水。

## 201. 我国土壤污染及防治现状如何？

2005 年 4 月至 2013 年 12 月，环境保护部会同国土资源部开展了我国首次全国土壤污染状况调查，形成了《全国土壤污染状况调查公报》。该公报显示，全国土壤环境状况总体不容乐观，部分地区土壤污染较重，耕地土壤环境质量堪忧，工矿业废弃地土壤环境问题突出。工矿业、农业等人为活动以及土壤环境背景值高是造成土壤污染或超标的主要原因。全国土壤总的超标率为 16.1%，其中轻微、轻度、中度和重度污染点位比例分别为 11.2%、2.3%、1.5% 和 1.1%。污染类型以无机型为主，有机型次之，复合型污染比重较小，无机污染物超标点位数占全部超标点位的 82.8%。从污染分布情况来看，南方土壤污染重于北方；长江三角洲、珠江三角洲、东北老工业基地等部分区域土壤污染问题较为突出，西南、中南地区土壤重金属超标范围较大；镉、汞、砷、铅 4 种无机污染物含量分布呈现从西北到东南、从东北到西南方向逐渐升高的态势。

2016 年，国务院印发《土壤污染防治行动计划》（又称“土十条”），提出到 2030 年，实现全国土壤环境质量稳中向好，农用地和建设用地土壤环境安全得到有效保障，土壤环境风险得到全面管控。到 2030 年，受污染耕地安全利用率达到 95%以上，污染地块安全利用率达到 95%以上。到 21 世纪中叶，土壤环境质量全面改善，生态系统实现良性循环。为了保护和改善生态环境，防治土壤污染，保障公众健康，《中华人民共和国土壤污染防治法》于 2019 年 1 月 1 日正式实施。

## 202. 土壤污染防治的目标和原则是什么?

根据我国《土壤污染防治行动计划》，土壤污染防治的总目标是：以改善土壤环境质量为核心，以保障农产品质量和人居环境安全为出发点，坚持预防为主、保护优先、风险管控，突出重点区域、行业和污染物，实施分类别、分用途、分阶段治理，严控新增污染、逐步减少存量，形成政府主导、企业担责、公众参与、社会监督的土壤污染防治体系，促进土壤资源永续利用，为建设“蓝天常在、青山常在、绿水常在”的美丽中国而奋斗。《中华人民共和国土壤污染防治法》第三条规定，土壤污染防治应当坚持预防为主、保护优先、分类管理、风险管控、污染担责、公众参与的原则。

## 203. 土地开发是否需要土壤修复?

《中华人民共和国土壤污染防治法》《深圳经济特区城市更新条例》等法规文件规定：①未依法完成土壤污染状况调查和风险评估的地块，不得开工建设与风险管控和修复无关的项目；②未达到土壤污染风险评估报告确定的风险管控、修复目标的建设用地地块，禁止开工建设任何与风险管控、修复无关的项目；③对纳入联动监管地块，未按照有关要求完成土壤污染状况调查及风险评估、经场地环境调查和风险评估确定为污染地块但未明确风险管控和修复责任主体的，禁止进行土地出让；④城市更新后用地功能规划变更为居住用地、商业服务业用地、公共管理与公共服务用地或者新型产业用地的，实施主体应当对建设用地开展土壤污染状况调查，调查后按照土壤污染防治规定满足使用要求并且未列入建设用地土壤污染风险管控和修复名录的，方可向政府无偿移交公共用地和申请办理国有建设用地使用权出让手续；⑤土地入库储备前应按照有关规定完成土壤环境质量调查、评估、治理或取得生态环境部门意见；⑥申请短期租赁用地应按照有关规定完成土壤环境调查、评估、治理或取得生态环境部门意见；⑦自然资源部门在编制控制性详细规划、规划调整时或项目前期策划生成阶段征求生态环境部门意见，按照生态环境部门提出的地块环境管控要求，合理确定地块土地用途。

## 204. 什么情况下需要开展土壤污染状况调查?

（1）经土壤污染状况普查、详查和监测、现场检查，表明有土壤污染风险的建设用地。

（2）拟将用途变更为住宅、公共管理与公共服务用地的地块。住宅用地、公共管理与公共服务用地之间相互变更的，原则上不需要进行调查，但公共管理与公共服务用地中环卫设施、污水处理设施用地变更为住宅用地的除外。

（3）拟终止生产经营活动、变更土地用途或拟收回、转让土地使用权的土壤污染重点监管单位生产经营用地。

（4）拟收回、已收回土地使用权的，以及用途拟变更为商业、新型产业用地（M0）的重点行业企业生产经营用地。

（5）城市更新后用地功能规划变更为商业服务业用地和新型产业用地的地块。

（6）拟转为建设用地的 C 类农用地（土壤中污染物含量超过农用地土壤污染风险管制值）。

（7）法律、法规和规章等规定需要开展土壤污染状况调查的其他用地。

## 205. 如何进行污染土壤治理?

依据土壤的污染程度，通过判断有毒有害物质对生态系统或人体健康产生破坏的概率，基于生态风险评估和健康风险评估进行污染土壤治理，即通过治理使土壤带来的生态或健康风险降低到可接受水平。

图 6-1　土壤污染

土壤修复原理包括：改变污染物在土壤中的存在形态或同土壤结合的方式，降低其在环境中的可迁移性与生物可利用性；降低土壤中有害物质的浓度，将污染物转化为低毒或无毒物质；将污染物从土壤中分离。按照修复方式，土壤修复可以分为原位修复和异位修复；按照修复原理可以分为物理修复、化学修复、热力学修复和生物修复等，也可采用阻断暴露途径的手段来控制污染。原位修复技术和生物修复技术成本低、二次污染小，但修复周期长，修复效果不确定性较大。

## 206. 污染场地如何进行采样?

在开展污染场地土壤调查布点前，需要就污染场地的资料进行收集，到现场踏勘，同时与污染场地相关人员进行访谈、了解情况。为提升布点的密度，可按照不同的区域功能对污染场地进行功能划分，将其分为储存、办公、生产等区域，同时重点布设污染可能性高的区域点位。在做好污染可能性高的区域的重点布点工作前提下，还需要根据掌握到的污染场地土壤状况，对周边可能被污染场地污染源波及的区域进行布点。在污染场地布点密度有限的情况下，应按照经济可行原则，以场地功能与污染特点为依据，对污染程度高、复杂度高的区域进行布点。随机布点法、系统布点法、分区布点法与专业判断法是污染场地土壤调查中常见的几类方法，调查人员可以根据污染场地的具体状况进行选择。

## 207. 用于土壤修复的植物有哪些?

可以用于土壤修复的植物种类很多，不同植物修复的污染物也有所不同。例如，碱蓬可以在盐碱化土壤上繁茂生长，能有效降低土壤表层盐量，增加土壤有机质含量，对常见金属如铜、锌、铅、镉均具有累积作用。蜈蚣草羽叶中可以富集土壤中的砷，繁殖的第二代和刈割后的第二茬蜈蚣草依然保持着很强的砷富集特性。夏至草对铅有较强的吸收、富集和转运能力。紫花苜蓿、水稻、伴矿景天等可以富集土壤中的镉。

## 208. 如何进行土壤植物修复？

植物修复是利用绿色植物来转移、容纳或转化土壤污染物（主要是重金属或放射性元素），使其对环境无害的技术。植物修复属于原位修复技术，其成本低、二次污染易于控制，植被形成后具有保护表土、减少侵蚀和水土流失的功效，但修复耗时长，难以修复深层污染，污染物有可能通过“植物—动物”的食物链进入自然界。植物修复主要有以下四类：

（1）植物提取修复：利用植物根系吸收污染土壤中的有毒有害物质并运移至植物地上部，通过收割地上部物质带走土壤中污染物。此类修复应用最多。

（2）植物挥发修复：通过植物蒸发作用将挥发性化合物或者新陈代谢产物释放到大气中。

（3）植物固定修复：利用植物根际的一些特殊物质使土壤中的污染物转化为相对无害的物质。

（4）植物转化修复：通过植物体内的新陈代谢将吸收的污染物分解，或者通过植物分泌出的化合物（如酶）对植物外部的污染物进行分解。

## 209. 如何进行污染土壤的热脱附?

热脱附是经过直接加热或间接加热，使污染土壤中所含的有机污染物和金属汞等受热挥发而与土壤分离。土壤热脱附可以在原位或异位进行。通过控制热脱附系统的温度和物料停留时间，可以有选择地使目标污染物挥发。直接加热时，热源气体与挥发出的污染气体相互混合，增加了后续尾气的处理成本，而且系统能耗高且热利用率低；间接加热是通过管道将热介质（热水、导热油、热蒸汽、热烟气等）的热量传导给土壤，可以避免上述问题，但加热效率不如直接加热。土壤热脱附是一种非燃烧技术，适宜处理挥发性有机污染物，设备可移动，修复后土壤可再利用，但土壤含有水分较多时，热脱附会耗费较大的热量用于蒸发水分。

## 210. 如何实现土壤污染物的固化/稳定化?

固化/稳定化是在土壤中加入固化剂/稳定剂，在充分混合的基础上，使其与污染介质、污染物发生物理化学作用，将污染土壤固封成结构完整、渗透系数低的固化体，或将污染物转化为具有非活性的化学物质形态，以减少污染物在环境中的迁移扩散。固化/稳定化可以原位或异位进行，可处理土壤中的金属类、石棉、放射性物质、腐蚀性无机物、氰化物以及砷化合物等无机物，以及农药/除草剂、石油或多环芳烃类、多氯联苯类以及二噁英等有机化合物。该方法处理周期短、操作简单、成本较低，是目前土壤修复的主要方法之一，但其不宜用于处理挥发性有机化合物。常用的药剂包括碱性材料（石灰、粉煤灰等）、黏土矿物类材料（海泡石、沸石、硅藻土、蒙脱石等）、磷酸盐类材料、金属氧化物（铁氧化物、铁锰氧化物等）、有机材料（腐殖酸、有机堆肥、生物炭、壳聚糖等）。固化/稳定化修复药剂在土壤中的掺加比例一般为 2%～5%，因此会一定程度上改变土壤的理化性质，可能对植物生长造成不良影响。该方法不能将污染物从土壤中剥离，存在长期地球化学作用下重新泄露的风险，不适用于以污染物总量为控制目标的项目。

## 211. 如何通过氧化还原修复土壤？

有些土壤污染物可以发生氧化还原反应。通过向土壤污染区注入氧化剂或还原剂，使土壤或地下水中的污染物通过氧化或还原作用转化为无毒或毒性相对较小的物质。常见的氧化剂包括高锰酸盐、过氧化氢、芬顿试剂、过硫酸盐和臭氧。常见的还原剂包括硫化氢、连二亚硫酸钠、亚硫酸氢钠、硫酸亚铁、多硫化钙、二价铁、零价铁等。其中，化学氧化可处理大部分有机物，如石油烃、苯、甲苯、乙苯、二甲苯、酚类、甲基叔丁基醚、含氯有机溶剂、多环芳烃、农药等；化学还原可以处理重金属（如六价铬）和氯代有机物等。该方法可以原位或异位处理，周期短，操作简单，但该方法的效果受土壤渗透性、pH 影响较大，土壤本身的腐殖酸和亚铁离子等还原性物质会额外消耗氧化剂，残留的药剂还可能带来新的污染问题。

## 212. 如何进行土壤淋洗处理?

土壤淋洗是一种修复污染土壤的技术，是在土壤中加入能促进污染物溶解/迁移的液体，使吸附和固定在土壤颗粒上的污染物发生脱附、螯合、溶解或固化等作用而被去除的技术。土壤淋洗可以在原地或异地进行。淋洗液通常是环境友好剂，可以是水、有机或无机酸（如柠檬酸、苹果酸、乙二胺四乙酸 EDTA）、碱、盐和螯合剂。土壤质地、污染物类型和条件对土壤的修复效率有重要影响。砾石、沙子、细沙和类似土壤中的污染物更容易去除，而黏土中的污染物更难去除。该方法能有效去除水溶性金属，而且速度快，但淋洗液残留容易造成二次污染，以及破坏土壤微团聚体。

## 213. 复合污染土壤如何进行处置?

有些土壤污染较为严重，采用其他方法成本高、代价大，此时可以将污染土壤挖出，按固体废物处理。可以利用水泥回转窑进行协同处置，水泥窑内温度高、气体停留时间长，同时为碱性环境，可处置富含有机污染物及重金属的土壤，处理后的土壤成为熟料的一部分。但该方法不宜用于含有挥发性重金属如汞、砷、铅等较多的土壤，同时，水泥生产对饲料中氯、硫、磷等元素的含量有限值要求。在使用该技术时，应科学设置污染土壤的添加量。此外，还可以对污染土壤进行填埋处理，将污染土壤与周围环境隔离，避免污染物与人体接触和随土壤水迁移进而对人体及周围环境造成危害。但这种方法也不适用于污染物水溶性强或渗透率高的污染土壤。

## 214. 深圳市土壤质量状况如何？

深圳市历史上曾发展过电镀、线路板、制革、印染、化工、铅酸蓄电池等多个重污染行业。工业生产过程中的工业废水、固体废物排放可导致土壤污染，同时废气通过大气传输沉降也可使土壤受到污染。土壤与地下水主要污染物包括镍、六价铬、三氯乙烯、氯乙烯等。深圳市面积较小，全市建设用地面积占比 50.36%，土地资源紧缺，部分工业用地需要通过城市更新转变为居住、公共管理与公共服务用地，城市更新过程中的土地流转成为深圳市建设用地主要土壤污染的风险来源。2021 年，深圳市全年未发生污染地块不合理再开发利用造成的不良社会影响事件。建设用地污染地块安全利用率保持 100%，人居环境土壤安全得到有效保障。耕地污染问题不突出，未发生因耕地土壤污染导致农产品质量超标的不良社会影响事件，受污染耕地安全利用率保持在 100%。

## 第七篇

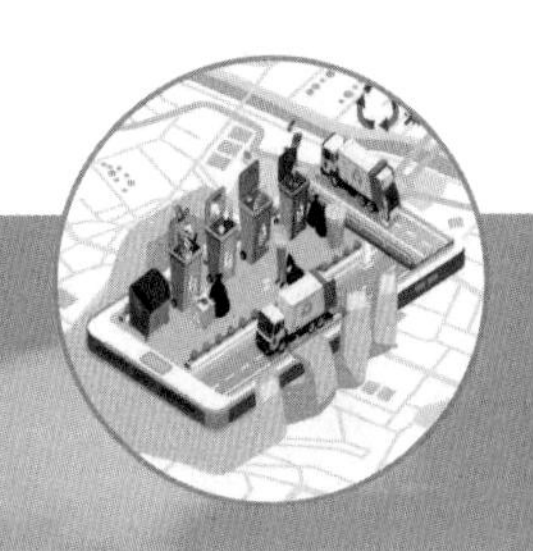

# 固体废物和化学品管理

## 215. 固体废物、危险废物和危险化学品有什么区别?

固体废物是指在生产、生活和其他活动中失去原有使用价值或虽未失去使用价值但被丢弃或遗弃的固态、半固态和置于容器中的气态物品、物质，以及法律、行政法规规定纳入固体废物管理的物品和物质。工业固体废物是指企业在生产活动中产生的固体废物，如尾矿、尾渣、废石等采矿固体废物，交通运输业产生的轮胎和橡胶废料，印刷业产生的废纸，服装业产生的边角料和皮革边角料等。

危险废物是指列入国家危险废物名录或按照国家标准和危险废物鉴定方法鉴定的具有危险特性的固体废物。危险废物属于固体废物。

危险化学品是指剧毒化学品和其他具有毒性、腐蚀性、爆炸性、易燃性、可燃性等特点的化学品，对人、设施和环境构成危险。虽然危险化学品也有危险性，但有实用价值的不属于危险废物，如工厂的生产原料、实验室的化学试剂等。丢弃的危险化学品属于危险废物，根据《废弃危险化学品污染环境防治办法》，将其作为危险废物管理。

## 216. 什么是“3R”原则?

“3R”原则是减量化（Reduce）、再利用（Reuse）和再循环

（Recycle）三种原则的简称，由三个英文单词的首字母组成：

Reduce，减量化，从源头减少原料、能源的消耗和产品的废弃量，如“净菜进城”和“光盘行动”可以减少厨余垃圾的产生量；

Reuse，再利用，当废弃产品仍具备原有功能或其他功能时，再次进行利用，以减少废弃量，如将旧轮胎用作防撞材料；

Recycle，再循环，将丧失使用功能的废弃产品转化为可供利用的原材料，如将废玻璃重新制成玻璃制品，将废旧家具转化为生物质燃料。

## 217. 什么是“三化原则”？

“三化原则”是指减量化、资源化、无害化。《中华人民共和国固体废物污染环境防治法》（2020 年最新版）第四条规定，“固体废物污染环境防治坚持减量化、资源化和无害化的原则。任何单位和个人都应当采取措施，减少固体废物的产生量，促进固体废物的综合利用，降低固体废物的危害性。”在这三项原则中，无害化是基本要求，无论采取何种减量化、资源化手段，都必须达到无害化的标准；减量化是优先手段，通过减量化可以大大减轻资源化、无害化的负担，经济、环境代价最低，应优先采用；资源化是根本途径，要解决废弃物的环境损害和风险，将其转化为可供利用的资源，而不是当作永久存在的垃圾，如此，才能构建循环经济社会，实现可持续发展。

## 218. 固体废物来自哪里？固体废物的主要危害有哪些？

固体废物主要来源于人类的生产、消费和环境污染治理过程。人们在开发资源和生产产品的过程中，必然会产生废物；任何产品在使用和消费后，最终都会变成废物。固体废物污染具有滞后性和持续性，是土壤、水和大气污染的重要来源，也是污染物转移的媒介。

其主要危害有：

（1）对土壤的污染。固体废物落在土壤上或者存放于场地上，都可能将携带的有害物质转移到土壤中，使土壤受到污染。

（2）对水域的污染。固体废物携带或自身分解产生的污染物可能渗入地下水中，也可能通过风和雨被带入地表水中，对水体造成污染。

（3）对大气的污染。固体废物在堆放过程中，在温度、水分的作用下，某些有机物质发生分解，产生有害气体，扩散到大气中对大气造成污染。

## 219. 什么是工业固体废物？

工业固体废物是指在工业生产活动中产生的固体废物。不包括生活垃圾、建筑垃圾、农业固体废物、放射性废物、医疗废物。

管理要求：产生工业固体废物的单位应当建立健全工业固体废物产生、收集、贮存、运输、利用、处置全过程的污染环境防治责任制度，建立工业固体废物管理台账，如实记录工业固体废物的种类、数量、流向、贮存、利用、处置等信息，实现工业固体废物可追溯、可查询，并采取防治工业固体废物污染环境的措施。禁止向生活垃圾收集设施中投放工业固体废物。

## 220. 为什么要进行垃圾分类?

随着我国生活垃圾产生量的不断增加，以填埋、焚烧为主的末端处理处置设施的负担不断加重，同时，越来越多的自然资源经加工后进入消费领域并最终流向填埋场和焚烧厂。为了减轻末端处理设施的负担，促进垃圾管理和城市的可持续发展，构建循环型社会，需要加强生活垃圾的资源化利用。将不同组分的垃圾分开是进行资源化的前提，从源头进行分类是可行性最高、避免资源交互污染的优选方式，这也是发达国家普遍采用的生活垃圾管理模式。我国普遍采取“四分法”，即将垃圾分为可回收物、有害垃圾、厨余垃圾和其他垃圾，如深圳市。上海市则把垃圾分为可回收物、有害垃圾、湿垃圾和干垃圾，后两者分别对应厨余垃圾和其他垃圾。普通生活垃圾中，厨余垃圾占 40%～60%，可回收物占 20%～40%，其他垃圾占 10%～20%，有害垃圾占比很少。

因此，通过对厨余垃圾和可回收物的有效回收利用，可以大大减轻生活垃圾处理的经济负担和环境负担。

图 7-1 分类垃圾

## 221. 各类垃圾是如何划分的?

厨余垃圾是指居民在食品消费过程中形成的废弃物，包括食材加工、烹饪和餐后丢弃的菜叶、根茎、废油、泔水等。厨余垃圾还可以进一步分为餐厨垃圾、家庭厨余垃圾、果蔬垃圾等。餐厨垃圾是指餐馆、饭店、单位食堂等的饮食剩余物以及后厨的果蔬、肉食、油脂、面点等在加工过程中产生的废弃物；家庭厨余垃圾是指家庭日常生活中丢弃的果蔬及食物下脚料、剩菜剩饭、瓜果皮等易腐有机垃圾；果蔬垃圾主要是指菜市场、超市等场所产生的水果蔬菜废物。由于绿化废物也属于有机废物，因此有些城市也将其归入厨余垃圾一类。

有害垃圾是指生活垃圾中具有危险废物特征的组分，也叫“生活源危险废物”，如废弃药品、废油漆、荧光灯管等。这类组分占比很少，在垃圾分类条件不完善的地区，可以投入“其他垃圾箱”一并管理，享受危险废物管理的豁免权。

可回收物是指生活垃圾中可以再使用或者进行材料回收的部分，包括玻璃、金属、塑料、纸类、织物、废旧家具、电子电器等。有些被污染的材料，如用过的纸巾、有人类体液的织物等，理论上也可以回收，但是回收的经济、环境代价过高，一般不列入“可回收物”这一类别，而是作为其他垃圾处理。

除上述类别外，生活垃圾中的其他组分归为其他垃圾，主要包括各类灰土、残渣和无法回收的材料，如破碎的花盆、家庭燃煤的灰渣等，但不包括建筑、装修产生的建筑垃圾（宜单独管理）。

各城市还可以因地制宜，设置更简单或者更精细的分类体系。例如，有些地区可以仅设置可回收物和其他垃圾两个类别；有些地区可以进一步将可回收物分为不同类别；有些地区可以根据自身特点增设品类，如深圳市开展的年花年桔的回收。

## 222. 为何要分出餐厨垃圾?

长期以来，我国并没有对厨余垃圾进行专门管理，而是作为生活垃圾一并处理。2000 年前后，有些城市的不法商贩开始收集餐饮企业的泔水进行禽畜养殖。虽然厨余垃圾本身没有危害性，但是在其储存、收运过程中会滋生大量病菌，产生有毒代谢产物，这会影响禽畜的生长发育，并通过食物链威胁人体健康，产生所谓“泔水猪”“垃圾猪”的问题。另外，餐饮企业产生的废油甚至是剩菜剩饭中的废油也被不法商贩打捞，重新加工后返回餐桌，成为“地沟油”，“地沟油”里面含有许多有毒有害化合物，直接威胁人体健康。在这种形势下，为了截断餐厨垃圾的不法流向，保障群众健康，我国开展了餐厨垃圾分类工作，并在2010年进行了大规模的试点活动，许多城市建立了餐厨垃圾的分类收运处理体系，餐饮企业必须与特许经营企业签订收运合同，保证餐厨垃圾得到合法、规范的资源化利用。

## 223. 为何要分出家庭厨余垃圾？

家庭厨余垃圾是家庭生活垃圾中的主要部分，我国人均产生量达到0.2～0.4 kg/d。家庭厨余垃圾含水率高，是生活垃圾中水分的主要来源，而高水分不利于焚烧处理或者填埋处置。将家庭厨余垃圾从生活垃圾分出后，垃圾热值提高，有利于焚烧发电；填埋场渗滤液减少，减轻了处理负担。同时，家庭厨余垃圾本身富含有机质和各类营养元素，通过分类收集处理可以得到最大限度的利用，相对填埋处置或焚烧发电，资源化利用率大幅提高。但是，家庭厨余垃圾不分类，也不会影响焚烧厂或填埋场的正常运行，因此，在不具备家庭厨余垃圾处理设施和处理能力的地区，可以不分出厨余垃圾。另外，家庭厨余垃圾的大量分出，会导致其他垃圾热值的增加，对于已经建成的、热负荷确定的焚烧厂，需要进行设施和工艺调整才能适应高热值带来的影响。

## 224. 垃圾分类后被如何处理？

生活垃圾经源头分类后，可回收物由环卫作业队伍或再生资源回收企业收集，经分拣中心分拣，进一步细分为各类材料，例如，玻璃会分为白色玻璃、绿色玻璃、棕色玻璃等。这些完成细分的材料打包后送往相应的生产企业作为原料。废旧家具经拆解后分为木质材料、金属材料、海绵等，分别进行回收，其中木质材料可以加工生物质燃料。厨余垃圾由专门的企业进行收集处理，通过多种技术手段转化为生物柴油、饲料、肥料或沼气，残渣被送到焚烧厂发电或者填埋，废水进行生化净化后排放。有害垃圾送往危险废物处理厂，根据不同的品类进行安全处理。其他垃圾一般送至焚烧厂发电或填埋场处置。焚烧发电后剩余的飞灰需进行固化/稳定化后填埋，炉渣可以加工成建筑材料，也可以直接填埋处置。

## 225. 生活垃圾填埋场污染控制有哪些指标？不得填埋处置哪些废物？

生活垃圾填埋场污染控制的指标包括：色度、化学需氧量、生化需氧量、悬浮物、总氮、总磷、粪大肠菌群数、总汞、总镉、总铬、六价铬、总砷、总铅、甲烷、恶臭、硫化氢、甲硫醇、甲硫醚和二甲二硫。

下列废物不能在生活垃圾填埋场中填埋处置：①除符合规定的生活垃圾焚烧飞灰以外的危险废物；②未经处理的餐饮废物；③未经处理的粪便；④禽畜养殖废物；⑤电子废物及其处理处置残余物；⑥除本填埋场产生的渗滤液之外的任何液态废物和废水。国家环境保护标准另有规定的除外。

## 226. 厨余垃圾有哪些资源化途径？

在过去，厨余垃圾与其他垃圾一并焚烧或填埋。美国部分城市利用家庭处理机将厨余垃圾粉碎后排入下水管网，但这种方式仅占美国厨余垃圾处理比例的5%，部分州甚至立法禁止。这是由于厨余垃圾粉渣进入污水管网后，会对污水处理系统带来冲击，影响运行安全和出水质量。同时，这也仅是无害化处理方式，相对焚烧、填埋并没有资源化优势。国际社会普遍认可的厨余垃圾处理优先途径主要有：包装完好、未过期的食品可分发给有需要的人；作为宠物和禽畜的饲料；厌氧消化或好氧堆肥；焚烧发电；填埋处置。其中，厌氧消化是目前应用最广的方式，厨余垃圾可以转化为沼气，沼气是一种清洁的可再生能源，可用于发电和产热，沼液沼渣也具有肥料潜力。好氧堆肥也应用较多，厨余垃圾经微生物转化变为有机肥，可以进行土地利用。此外，厨余垃圾还可用于饲养昆虫幼虫，虫体蛋白是一种高端饲料，虫粪也可以作为有机肥料。

## 227. 什么是电子垃圾？

家用电器和电子产品，如电视、冰箱、洗衣机、空调、个人电脑、移动电话、游戏机、收音机和录音机等在日常生活中已经过时或不再使用的产品被称为电子垃圾，也被称为电子废物。电子垃圾可以被回收利用，但除部分进入旧货市场外，有些电子垃圾往往与其他垃圾混合在一起进行回收。这种电子垃圾中的化学物质会污染土壤、空气和水，例如，印刷电路板构成了大多数电子产品，而印刷电路板的成分非常复杂，含有铅、镉、汞等重金属，如果处理不当，会对人类和环境造成严重危害。过去，一些小作坊利用简陋的工艺从电子垃圾中回收金、银等贵金属，排放出大量的废液、废气和废渣，对环境和人体健康造成严重损害。近年来，我国的电子垃圾管理已经逐渐正规化，回收率也在不断提高。

## 228. 电子垃圾如何资源化？

电子垃圾的材料组成和组合方式较复杂，处理难度大。例如，印刷电路板中含有多种塑料和金属，且组合方式复杂，单体解离粒径小，不易实现分离。目前，处理电子垃圾的主要方法有火法冶金、湿法冶金和机械处理。

火法冶金是利用冶金炉高温加热将非金属材料剥离，同时将贵金属熔化在其他金属冶炼材料或熔盐中，然后分离出来。非金属物质一般以浮渣的形式分离去除，贵金属和其他金属则以含金状态流出，经过再精炼或电解处理。该方法操作方便，但是有机物在焚烧过程中会产生有害气体，贵金属之外的其他金属回收率低，处理设备昂贵，目前该方法已逐渐被淘汰。

湿法冶金包括预处理、浸出和沉淀三个步骤。将电子废弃物破碎到一定粒度，然后加热到400℃左右去除有机物，再浸泡在硝酸溶液中加热。将贵金属银、贱金属和金属氧化物溶解在热硝酸溶液中，并通过电解或化学方法从硝酸溶液中回收银；将残渣继续浸泡在王水中，将金、钯、铂溶解在王水中，过滤后将滤液蒸发浓缩，再用亚硫酸钠或草酸、甲酸、硫酸亚铁等还原剂使滤液中的金沉淀，再用萃取或氨水使溶液中钯、铂沉淀。

机械处理是从电子垃圾中回收贵金属的最广泛使用的方法。电子垃圾首先被机械破碎，然后根据材料密度、导电性、磁性、韧性等物理特性的差异，对不同的材料进行分类。

## 229. 塑料污染有哪些危害？

（1）侵占土地过多。塑料垃圾在自然界中停留的时间很长，通常长达200～400年，在某些情况下甚至长达500年。

（2）污染空气。塑料、纸屑和灰尘随风飞扬。

（3）污染水体。塑料瓶和饭盒漂浮在河流和池塘的表面，塑料袋挂在水面上方的树枝上，不仅造成污染，而且如果动物误食，会损害它们的健康，甚至可能饿死，因为它们的消化道无法消化塑料。

（4）埋下火灾隐患。白色垃圾几乎都是易燃物，在自然堆放的情况下，会散发出甲烷和其他易燃气体，一旦遇到明火或自燃，就会引起火灾，往往造成重大损失。

（5）塑料垃圾可以成为害虫的巢穴，为老鼠、鸟类和苍蝇提供食物、住所和繁殖场所，其残留物往往是传染病的来源。

（6）塑料包装废弃物进入环境后，由于难以分解，会造成长期、深层次的环境问题。首先，进入土壤的塑料包装废弃物会影响农作物对养分和水分的吸收，导致产量下降；进入生活垃圾的塑料包装废弃物难以回收利用：填埋会占用大量土地，混有塑料的生活垃圾不适合堆肥，分类后的塑料垃圾因质量无法保证而难以回收利用；如果牲畜吃了塑料，会引起消化道疾病，甚至死亡。

## 230. 什么是可降解塑料？

可降解塑料是指既能满足使用要求，又能使用后在自然环境条件下迅速降解为环境友好物质的塑料。塑料是大分子聚合物，可以被能够打破大分子链的化学和物理因素分解。这些因素包括氧气、水、辐射、化学品、污染物、机械力、昆虫和微生物。塑料的降解过程主要包括生物降解、光降解和化学降解，这三个主要的降解过程可以同时或单独发生。理论上，所有塑料都可以被降解，但降解的速度和程度决定了它们对环境的危害程度。我们说到的可降解塑料，是指可以在自然条件下短期内降解从而避免生态环境损害的一类塑料。常见的可降解塑料有聚乳酸、聚 3-羟基烷酸酯等。

## 231. 畜禽养殖污染对环境有哪些危害?

（1）水污染。畜禽生产的粪便和废水被随意排放，造成地表水和地下水污染，影响水生生态系统。用于灌溉农田的废水会破坏土壤结构，减缓作物生长速度，甚至导致作物歉收。当土壤被污染时，它可能在很长一段时间内失去基本功能，导致土地资源的严重浪费。此外，它还会危害水生生物的生长和繁殖，导致鱼类资源的损失。

（2）生物污染。畜禽粪便中含有大量的病原体和寄生虫卵，如果不及时处理，蚊子和苍蝇会在其中繁殖，增加环境中的病原体和细菌数量，容易引起人畜共患疾病，危害人畜健康。全世界已知的人畜共患疾病有 200 多种，主要由畜禽的粪便和排泄物传播。

（3）空气污染。畜禽粪便经过发酵后，排放出大量的氨气、硫化氢、粪臭味、甲烷等有害气体，不仅破坏生态环境，而且直接影响人类健康。有害气体进入呼吸道后，可引起咳嗽、支气管炎、气管炎等呼吸道疾病，不仅威胁养殖场动物的安全，也危害养殖场工人和邻近居民的健康。

## 232. 什么是建筑垃圾？

建筑垃圾是指建筑安装单位或个人在建造、拆除、修缮各种建筑物、构筑物以及居民进行房屋装修时产生的残土、废渣、淤泥等废弃物。按照来源分类，建筑垃圾可分为土方工程、道路开挖、旧建筑物拆除、建筑物施工和建筑材料垃圾五大类，主要包括炉渣、碎石块、砂浆废料、碎砖瓦、混凝土块、沥青块、塑料废料、金属材料废料、竹木废料等。我国每年有上亿吨的建筑垃圾被倾倒，大多是露天堆放或填埋，占用了大量的土地资源，建筑垃圾中的化学物质也会威胁到人体健康，造成土壤和地下水污染。同时，建筑垃圾本身具有回收价值，可以变成新的建筑材料。

## 233. 建筑垃圾有哪些资源化途径？

建筑垃圾可以被粉碎和分类，以生产不同的材料。钢材和木材可直接回收，或送到冶炼厂和生物质发电厂进行回收。水泥和混凝土可被粉碎成骨料，经过筛分和分类去除杂质，再加上水、水泥和粉煤灰等辅助材料，制成各种建筑产品和道路产品。废砖和废瓦也可生产再生骨料，比如再生砖、砌块、墙板、地砖等。建筑矿渣可用于道路建设、桩基填充、地基等。废旧道路沥青混合料可直接用于生产适当比例的再生沥青混凝土。经过分类的废玻璃可送到玻璃厂或微晶玻璃厂作为生产原料，同样，废塑料也可回收并加工成塑料颗粒。

## 234. 什么是医疗废物？

医疗废物是指医疗卫生机构在医疗、预防、保健以及其他相关活动中产生的具有直接或者间接感染性、毒性以及其他危害性的废物。医疗废物都属于危险废物，具体包括以下类别。

（1）感染性废物：携带病原微生物、具有引发感染性疾病传播危险的医疗废物，包括被病人血液、体液、排泄物污染的物品，传染病病人产生的垃圾等医疗废物塑料制品。

（2）病理性废物：诊疗过程中产生的人体废弃物和医学试验动物尸体，包括手术中产生的废弃人体组织、病理切片后废弃的人体组织、病理蜡块等。

（3）损伤性废物：能够刺伤或割伤人体的废弃的医用锐器，包括医用针、解剖刀、手术刀、玻璃试管等。

（4）药物性废物：过期、淘汰、变质或被污染的废弃药品，包括废弃的一般性药品、细胞毒性药物和遗传毒性药物等。

（5）化学性废物：具有毒性、腐蚀性、易燃易爆性的废弃化学物品，如废弃的化学试剂、化学消毒剂、汞血压计、汞温度计等。

此外，在医院中也会存在生活垃圾等一般废弃物，应将其与医疗废物分开投放。医疗废物分类暂存后由专用收集车运输到医疗废物集中处置中心，经消毒、破碎后由医疗废物或危险废物焚烧厂进行焚烧处理，残渣进入危险废物填埋场填埋。

## 235. 绿化废物有哪些资源化途径？

绿化废物就是在园林绿化过程中产生的落叶、枝干及修剪物，主要成分为有机物质，有着丰富的木质素和纤维素。其资源化利用方式主要有：

（1）有机覆盖物。绿化废物中的枝干经粉碎后，可以覆盖在土壤表层，具有调节土壤温度、减少水土流失、避免病虫害入侵、抑制杂草生长及美化城市景观环境等功能。与石子、沙子等无机覆盖物相比，绿化废物可使土壤有更好的透气性和保持土壤温度、湿度的效果。

（2）有机肥料。绿化废物特别是枝叶、草屑等经好氧堆肥或炭化处理后可以作为有机肥料施用，可增加土壤疏松度，改善土壤理化性质，为土壤提供全面、均衡、长效的营养成分，缓解土壤板结和盐渍化问题，促进植物健康生长。

（3）制作生物燃料。绿化废物经破碎、干燥后，可以作为生物质锅炉的燃料，用于发热和产电。

## 236. 什么是再生资源？

再生资源是指在社会生产和生活消费过程中产生的，已经失去原有全部或部分使用价值，经过回收、加工处理，能够使其重新获得使用价值的各种废弃物。再生资源包括以下两大类。

（1）生活源再生资源：生活过程中淘汰的可资源化利用且不属于有害垃圾的废旧物资，主要包括玻璃、金属、塑料、纸类、织物、家具、电器电子产品等。

（2）生产源再生资源：生产过程中产生的废料和黑色及有色金属产品、报废的机械和机电设备、废纸、废弃的轻质化学材料和玻璃废料，以及其他不能被生产厂直接利用的废料。

再生资源不包括气体和液体，也不包括危险废物、医疗废物、建筑垃圾、餐厨垃圾，以及暂时不利用或者不能利用的工业固体废物。

## 237. 什么是污泥？

在给水和废水处理中，不同处理过程产生的各类沉淀物、漂浮物统称为污泥。污泥的成分、性质主要取决于处理水的成分、性质和处理工艺，其成分很复杂，包括混入水中的泥沙、纤维、动植物残体等固态颗粒及其凝结的絮状物、各种胶体、有机质及吸附的金属元素、微生物、病菌、虫卵等。污泥按来源可以分为给水污泥、市政污泥和工业废水污泥，按污泥成分可分为有机污泥和无机污泥，按不同处理阶段可分为初沉污泥、浓缩污泥、消化污泥、脱水污泥、干燥污泥等。没有经过恰当处理的污泥进入环境后，会直接给水体和大气带来二次污染。脱水污泥的含水率高达 80%，堆放时会渗出脏水，污染水体，也容易滋生病菌，还会散发臭气和异味，危害人体健康。污泥汇集了污水中的大部分污染物，只有解决好污泥的问题才能从根本上实现水环境的改善。

## 238. 污泥应如何处理处置？

我国对污泥大部分采用填埋处置，在填埋之前进一步将污泥含水率降至 60%以下，以保证堆体的稳定性。由于污泥填埋占用大量土地，资源化处理成为重要趋势。污泥可以进行好氧堆肥，通过与高碳氮比、低含水率的物料进行混合，在微生物作用下将污泥有机质矿化和转化为稳定的腐殖质，同时污泥中的铁、钙、铜、钾等元素也有利于作物生长，但需要防止污泥中重金属在土壤中的富集。污泥还可以干化焚烧，彻底减量化，但投资和处理成本较高，二次污染控制较为复杂，同时污泥水分较多，有机质含量相对较少，污泥干化过程会消耗大量能量，总体能量回收率较低。污泥还可以通过厌氧消化产沼气的方式回收能量，这一方法不需要蒸发水分，因此能量回收率较高，但消化后产生的沼液沼渣需要进一步处理。污泥通过干燥、燃烧去除水分和有机质后，剩余的无机质可以作为建材的原料，如烧结陶粒等。

图 7-2 深汕燃煤电厂耦合掺烧污泥发电项目

［华润电力（深圳）有限公司提供］

## 239. 卫生填埋的原理是什么？

卫生填埋时，将垃圾填入相对封闭的空间，使有机质在微生物作用下逐渐降解，产生二氧化碳、甲烷和水分，同时一部分有机质转化为稳定的腐殖质；通过导排系统收集填埋过程中产生的渗滤液和填埋气，进行妥善处理，防止二次污染。现代卫生填埋场的基本结构包括堆体、表面覆盖层（含防渗层）、底部防渗层、渗滤液收集系统和填埋气收集系统等。卫生填埋场分为多种类型，它们的原理相同，但采用了不同的结构形式和运行方法。卫生填埋场的基本操作是，将每日垃圾堆成规整的菱形单元，堆体完成后进行覆土，覆土厚度 0.15～0.30 m，覆土之上可以进行第二层的堆置。如果是最终覆土，则土层厚度一般为 0.5～0.7 m，以便于封场后的土地利用。对收集到的渗滤液进行净化处理，填埋气含有 50%的甲烷，可以用于燃烧发热或产电。

## 240. 好氧堆肥的原理是什么？

好氧发酵是在有氧条件下，微生物通过自身的生命活动，把一部分被吸收的有机物氧化成简单的无机物，同时释放出可供微生物生长活动所需的能量，而另一部分有机物则被合成新的细胞质，使微生物不断生长繁殖，产生出更多生物体的过程。这一过程一般分为三个阶段：①升温阶段，堆肥初期堆体温度逐步从环境温度上升到 45℃左右，主导微生物以嗜温性微生物为主，包括真菌、细菌和放线菌，分解底物以糖类和淀粉类为主。②高温阶段，堆体温度升至 45℃以上即进入高温阶段，嗜温性微生物受到抑制甚至死亡，而嗜热性微生物成为主导微生物。堆肥中残留的和新形成的可溶性有机物质继续被氧化分解，复杂的有机物如半纤维素、纤维素和蛋白质也开始被强烈分解。大多数有机质在该条件下分解，寄生虫卵和病原微生物大多数被杀死。③降温阶段，随着高温阶段有机质的减少和微生物的死亡，堆体进入低温阶段，嗜温性微生物又开始占据优势，对残余较难分解的有机物做进一步的分解，但微生物活性普遍下降，堆体发热量减少，温度开始下降，有机物趋于稳定化，需氧量大大减少，堆肥进入腐熟或后熟阶段。

## 241. 厌氧消化的原理是什么?

厌氧消化是有机质在无氧条件下被多种厌氧微生物分解，最终转化成甲烷和二氧化碳的过程。这些微生物主要包括产酸菌和产甲烷菌两大类。产酸菌可以在厌氧或兼氧条件下把复杂的有机物分解成简单的有机酸等；而产甲烷菌是专性厌氧菌，氧气对产甲烷细菌有毒害作用，因而需要严格的厌氧环境。在厌氧条件下，污泥中的有机物经历水解、酸化、产氢、产乙酸、产甲烷等几个阶段实现降解，并产生沼气。沼气的产生效率取决于有机质的降解效率，受到厌氧条件、有机组分、温度、pH、添加物、抑制物、接种物和搅拌等因素的影响。大规模厌氧消化反应罐一般采用中温条件和搅拌措施，以提高有机质转化效率。沼气的主要成分是甲烷和二氧化碳，还包括硫化氢、硅氧烷等微量成分。沼气组成取决于底物的组成，在厨余垃圾、污泥等有机废物厌氧消化产生的沼气中，甲烷一般占60%左右。

## 242. 焚烧烟气如何治理？

焚烧是在一定温度、气相充分有氧的条件下，使固体废物中的有机质发生燃烧反应，并转化为二氧化碳、水蒸气、氮气等相应的气相物质，包括蒸发、挥发、分解、烧结、熔融和氧化还原反应以及相应的传质和传热的综合物理变化和化学反应过程。污泥焚烧可迅速和较大程度地使固体废物减量化，但需要复杂的烟气净化系统。早期焚烧烟气处理系统主要包含酸性气体（二氧化硫、氯化氢、氟化氢）净化和颗粒物净化两个单元。酸性气体净化多采用炉内加石灰共燃（仅适用于流化床焚烧）、烟气中喷入干石灰粉（干式除酸）、石灰乳浊液（半干式除酸）或氢氧化钠溶液（湿法脱酸）三种方法。颗粒物净化采用高效电除尘器或布袋式过滤除尘器。后来为了达到对重金属蒸汽、二噁英类物质和二氧化氮进行有效控制的目的，逐步加入了水洗（降温冷凝洗涤重金属）、喷粉末活性炭（吸附二噁英类物质）和尿素还原脱氮等单元环节。这些烟气净化单元技术的联合应用，可以在充分燃烧的前提下使尾气排放达到相应的排放标准。

图 7-3　深圳市盐田垃圾焚烧发电厂

（深圳市生态环境局固体废物和化学品处提供）

## 243. 什么是焚烧飞灰？

焚烧飞灰是固体废物在焚烧过程中产生的细颗粒物。在焚烧过程中，有机物主要转化为二氧化碳和水蒸气，而无机物则主要形成颗粒物，其中颗粒较大的沉积在焚烧炉底部及炉排上，被称为炉渣，而那些细小的颗粒物则飘浮在烟气中，随烟气一同进入烟气净化系统，与烟气净化时投加的过量石灰石、活性炭一起构成了飞灰。后者约占焚烧飞灰 50%的比例。这些飞灰主要在布袋除尘器被捕集，也有一部分在烟道及烟囱底部沉降下来。飞灰颗粒粒径通常小于 100 μm，具有较大的比表面和较高的孔隙率，主要化学成分为氧化钙、二氧化硅、氧化铝、氧化铁，常含有高浓度的重金属如汞、铅、镉、铜、铬及锌等，还含有少量的二噁英和呋喃，因此焚烧飞灰属于危险废物，需要固化后单独填埋处置。

## 244. 什么是“无废城市”？

“无废城市”是以“创新、协调、绿色、开放、共享”的新发展理念为引领，通过推动形成绿色发展方式和生活方式，持续推进固体废物源头减量和资源化利用，最大限度减少填埋量，将固体废物环境影响降至最低的城市发展模式。“无废城市”并不是没有固体废物产生，也不意味着固体废物能完全资源化利用，而是一种先进的城市管理理念，旨在最终实现整个城市固体废物产生量最小、资源化利用充分、处置安全的目标。我国固体废物产生强度高、利用不充分，非法转移倾倒事件仍呈高发频发态势，既污染环境又浪费资源，与人民日益增长的优美生态环境需要还有较大差距。开展“无废城市”建设试点是深入落实党中央、国务院决策部署的具体行动，是从城市整体层面深化固体废物综合管理改革和推动“无废社会”建设的有力抓手，是提升生态文明、建设美丽中国的重要举措。

## 245. “无废城市”应该如何建设？

坚持问题导向，注重创新驱动。着力解决固体废物产生量大、利用不畅、非法转移倾倒、处置设施选址难等突出问题，统筹解决本地实际问题与共性难题，加快制度、机制和模式创新，推动实现重点突破与整体创新，促进形成“无废城市”建设长效机制。

坚持因地制宜，注重分类施策。根据区域产业结构、发展阶段，重点识别主要固体废物在产生、收集、转移、利用、处置等过程中的薄弱点和关键环节，紧密结合本地实际，明确目标，细化任务，完善措施，精准发力，持续提升城市固体废物减量化、资源化、无害化水平。

坚持系统集成，注重协同联动。围绕“无废城市”建设目标，系统集成固体废物领域相关试点示范经验做法。坚持政府引导和市场主导相结合，提升固体废物综合管理水平与推进供给侧结构性改革相衔接，推动实现生产、流通、消费各环节绿色化、循环化。

坚持理念先行，倡导全民参与。全面增强生态文明意识，将绿色低碳循环发展作为“无废城市”建设重要理念，推动形成简约适度、绿色低碳、文明健康的生活方式和消费模式。强化企业自我约束，杜绝资源浪费，提高资源利用效率。充分发挥社会组织和公众监督作用，形成全社会共同参与的良好氛围。

图 7-4　“无废城市”，美好生活

## 246. 深圳市是如何建设“无废城市”的?

深圳市自 2019 年入选国家“无废城市”建设试点以来，在国家各部委、广东省各对口部门、国家专家帮扶组等的帮扶指导下，探索建立了超大型城市“无废城市”建设方案。

首先，深圳市打造了“无废城市”建设的四大支撑体系，包括固体废物治理制度体系、竞争有序的多元化市场体系、可靠适宜的现代化技术体系、精细高效的全过程监管体系。

其次，深圳市把固体废物治理纳入城市安全保障系统，补齐了治理能力短板，实现了原生生活垃圾全量焚烧和零填埋，建筑垃圾资源化利用，危险废物全程管控，市政污泥能源化利用，满足了各类固体废物的处理处置需求。

最后，深圳市重点构建了减废和资源利用体系，全力推进固体废物源头减量，实行了强制生活垃圾分类，健全建筑废弃物综合利用全产业链，创新减排技术，倡导“美丽田园”建设，发动全社会共同建设“无废文化”。

通过上述措施，深圳市如期完成了“无废城市”建设试点任务，形成了绿色生产生活方式，生活垃圾回收利用率、工业固体废物产生强度等指标和固体废物安全处置体系领先国内城市，初步达到了国际先进水平。

图 7-5　深圳龙岗区固废制作生物质燃料棒项目

（深圳市生态环境局固体废物和化学品处提供）

## 247. 什么是优先控制化学品?

优先控制化学品主要是指固有危害属性较大、环境中可能长期存在的并可能对环境和人体健康造成较大风险的化学品。2017年12月28日和2020年11月2日，环境保护部（2018年改组为生态环境部）会同工业和信息化部、卫生计生委（2018年改组为卫生健康委）组织编制并分别公布了《优先控制化学品名录（第一批）》和《优先控制化学品名录（第二批）》，分别将22个和18个化学品列入名录，要求针对其产生环境与健康风险的主要环节，依据相关政策法规，结合经济技术可行性，采取风险管控措施，最大限度降低化学品的生产、使用对人类健康和环境的重大影响。

## 248. 如何评估化学物质环境风险?

化学物质环境风险评估是通过分析化学物质的固有危害属性及其在生产、加工、使用和废弃处置全生命周期过程中进入生态环境及向人体暴露等方面的信息，科学确定化学物质对生态环境和人体健康的风险程度，为有针对性地制定和实施风险控制措施提供决策依据。化学物质环境风险评估通常包括四个步骤：①危害识别，确定化学物质具有的固有危害属性，主要包括生态毒理学和健康毒理学属性两部分；②剂量（浓度）-反应（效应）评估，确定化学物质暴露浓度/剂量与毒性效应之间的关系；③暴露评估，估算化学物质对生态环境或人体的暴露程度；④风险表征：定性或定量分析判别化学物质对生态环境和人体健康造成风险的概率和程度。风险评估并不都需要经过上述完整的四个步骤，如危害识别和剂量（浓度）-反应（效应）评估表明该化学物质对生态环境和人体健康的危害极低，则无须开展后续风险评估；暴露评估表明某暴露途径不存在，则该暴露途径下的后续风险评估即可终止。

## 249. 什么是暴露途径？

暴露途径是指污染物从污染源经由土壤、水和食物到达人体或其他被暴露生物个体的路线，是暴露评估的重要组成部分。基本的人体暴露途径有三条：食入、吸入和皮肤接触，在某些情况下可能存在注射途径。与职业性质相关的暴露途径相对容易确定，因为接触人群的工作地点和时间都是固定的；而环境暴露途径有很多不确定性，如时间、频率和方式，这增加了评估的复杂性。对于评估不同情形下的化学品风险，需要考虑其具体暴露途径。例如，在某化学品泄露导致的污染场地，人体暴露途径包括经口摄入土壤、皮肤接触土壤、吸入土壤颗粒物、吸入室外空气中来自土壤和地下水的气态污染物、吸入室内空气中来自土壤和地下水的气态污染物和饮用地下水等。

# 第八篇

# 声、光、辐射污染控制

## 250. 什么是噪声？

噪声是一种主观的评价标准，即任何影响他人的声音都是噪声，即使是音乐。从环境保护的角度看，凡是影响人们正常学习、工作和休息的，在某些情况下“不受欢迎的声音”，统称为噪声，如机器的轰鸣声、各种交通工具的鸣笛声、人的喧哗声以及各种突发的声音等。随着工业生产、交通运输和城市建设的发展，以及人口密度的增加，噪声污染越来越严重，已成为深圳环境投诉的热点。在环境监测中，通常使用分贝作为噪声强度的单位。一般认为，30～40分贝是一个相对平静和正常的环境；超过50分贝会影响睡眠和休息；70分贝以上会影响说话；长期在90分贝以上的噪声环境中工作或生活，会严重影响听力并导致其他疾病；突然接触高达150分贝的噪声会对耳朵造成急性损伤，导致耳膜破裂和出血，双耳会完全失去听力。为防止噪声污染，我国对社会生活噪声、工业噪声和建筑施工噪声等各类噪声制定了明确的排放标准，目前已形成完整的噪声监测和管理体系。

## 251. 噪声有哪些类型？监管部门如何分工？

根据现行《中华人民共和国噪声污染防治法》和《深圳经济特区环境噪声污染防治条例》，对噪声类型及监管部门具体规定如下：

（1）工业噪声，是指在工业生产活动中产生的干扰周围生活环境的声音；由生态环境主管部门负责实施监督管理。

（2）建筑施工噪声，是指在建筑施工过程中产生的干扰周围生活环境的声音；由生态环境部门负责实施监督管理。

（3）交通运输噪声，一般简称为交通噪声，是指机动车、铁路机车车辆、城市轨道交通车辆、机动船舶、航空器等交通运输工具在运行时产生的干扰周围生活环境的声音；由公安部门负责对机动车噪声实施监督管理。

（4）社会生活噪声，是指人为活动所产生的除工业噪声、建筑施工噪声和交通运输噪声之外的干扰周围生活环境的声音。一般将社会生活噪声分为三类：营业性场所噪声、公共活动场所噪声、其他常见噪声。营业性场所噪声，典型声源包括营业性文化娱乐场所和商业经营活动中使用的扩声设备、游乐设施产生的噪声。公共活动场所噪声，典型声源包括广播、音响等噪声。其他常见噪声，典型声源包括装修施工、厨卫设备、生活活动等噪声。生态环境部门对商业经营活动、营业性文化娱乐活动产生的社会生活噪声实施监督管理。公安部门负责对上述规定之外的社会生活噪声实施监督管理。

## 252. 声环境功能区分为几种类型？

根据使用区域的功能特点和环境质量要求，将声环境功能区分为以下五类。

0 类声环境功能区：指对安静有特殊需求的区域，如康复疗养区。

1 类声环境功能区：指住宅、卫生保健、文教设施、科研工程、行政办公等有基本功能和静音需求的区域。

2 类声环境功能区：指以商业金融、市场贸易为主要功能，或以住宅、商业、工业混合为主要功能，有居住安静需求的区域。

3 类声环境功能区：指以工业生产、仓储、物流为主要功能，需要防止工业噪声对街区环境产生重大影响的区域。

4 类声环境功能区：指在主要交通干线两侧一定距离内，需要防止交通噪声对环境造成严重影响的区域，包括两种类型：4a 级和 4b 级。4a 级是指高速公路、主干道、次干道、城市快速路、城市主干道、城市次干道、城市铁路（地面段）和内河航道两侧的区域；4b 级是指铁路线路两侧的区域。

## 253. 什么是分贝？

分贝（dB）是用于度量声音强度（声压级、声强级或者声功率级）相对大小的单位。声压级的定义为声压与基准声压之比的以 10 为底的对数乘以 20，常用 $L_p$ 表示，即 $L_p=20\lg\left(\frac{P}{P_{ref}}\right)$，式中，$P$ 为声压；$P_{ref}$ 为基准声压。在空气中，基准声压 $P_{ref}$ 一般取 20 μPa，这个数值是统计意义上普通人对 1 kHz 的声音刚能察觉其存在的声压阈值。按普通人的听觉，不同声压级的主观感受如表 8-1 所示。

表 8-1　不同声压级的主观感受

| 声压级范围 | 主观感觉 |
| --- | --- |
| 0～20 dB | 很静，几乎感觉不到 |
| 20～40 dB | 安静，犹如轻声絮语 |
| 40～60 dB | 一般，普通室内谈话 |
| 60～70 dB | 吵闹，有损神经 |
| 70～90 dB | 很吵，神经细胞受到破坏 |
| 90～100 dB | 吵闹加剧，听力受损 |
| 100～120 dB | 难以忍受，待 1 分钟即暂时致聋 |
| 120 dB 以上 | 极度聋或全聋 |

## 254. 什么是计权声级?

为了使声音的客观量度与人耳的听觉主观感受相一致，通常要对声音的各个频率成分的声级进行一定的计权系数修正，然后将所有频率成分修正后的声压级叠加，得到噪声的总声压级，称为计权声级。使用 A、B、C 计权网络校正后的声级分别为 A、B、C 计权声级。在环境噪声评估中，最常用的是 A 计权声级，它与人耳的吻合程度最高，以 dB（A）表示。

## 255. 什么是等效连续 A 计权声级？

《声环境质量标准》（GB 3096—2008）规定，A 声级是用 A 计权网络测得的声压级，用 $L_A$ 表示，单位 dB（A）。等效连续 A 计权声级简称等效声级，指在规定测量时间 $T$ 内 A 声级的能量平均值，它是一个用噪声能量按时间平均方法来评价噪声对人影响的评价量，用 $L_{Aeq,T}$ 表示（简写为 $L_{eq}$），表达式为

$$L_{eq}=10\lg\left(\frac{1}{T}\int 10^{0.1L_{pA(t)}}\,\mathrm{d}t\right)$$

式中，$L_{pA(t)}$为时刻 $t$ 的瞬时 A 声级，dB；$T$ 为规定的测量时间，s。

通常在声环境标准中将一天 24 小时划分为昼间和夜间两个时段，昼间等效声级为 $L_d$、夜间等效声级为 $L_n$、昼夜等效声级为 $L_{dn}$。有些国家在声环境标准中将一天 24 小时划分为昼间、晚间和夜间三个时段，昼间等效声级为 $L_d$、晚间等效声级为 $L_e$、夜间等效声级为 $L_n$、全天等效声级为 $L_{den}$。

## 256. 什么是响度和响度级？

响度是人耳判别声音由轻到响的强度等级概念，是描述声音大小的主观感觉量，不仅取决于声音的强度（如声压级），还与它的频率及波形有关。响度的单位是宋（sone），符号是 N。响度 1

宋的定义为：声压级为 40 dB，频率为 1000 Hz，来自听者正前方的平面声波的强度。如果另一个声音听起来比这个响 *n* 倍，即声音的响度为 *n* 宋。响度级为响度的相对量，单位为方（phon）。定义声压级为 0 dB 的 1000 Hz 纯音的响度级为 0 方（phon）。将一个纯音和 1000 Hz 某声压级的纯音进行响度比较，如果这两个声音听上去一样响，就可以把 1000 Hz 纯音的声压级规定为另一个纯音的响度级。

## 257. 环境噪声限值是多少？

根据《声环境质量标准》（GB 3096—2008），各类声环境功能区的环境噪声限值见表 8-2。

表 8-2　环境噪声限值　　单位：dB（A）

| 分类 | | 昼间 | 夜间 |
|---|---|---|---|
| 1 类 | | 55 | 45 |
| 2 类 | | 60 | 50 |
| 3 类 | | 65 | 55 |
| 4 类 | 4a 级 | 70 | 55 |
| | 4b 级 | 70 | 60 |

## 258. 噪声有哪些危害？

噪声会扰乱休息和睡眠，影响工作。只有40～50分贝的轻度噪声就会影响睡眠，40分贝的突然噪声可以唤醒10%的人，当突然噪声达到60分贝时，70%的人会被惊醒。环境噪声对睡眠的长期干扰会引起失眠、疲劳、记忆力减退，甚至神经衰弱综合征，严重影响正常功能。噪声对听觉系统的影响与它的强度和暴露时间有关，噪声甚至会导致耳聋。一般来说，低于85分贝的噪声对听力无害，而高于85分贝的噪声会损害听力。长期在噪声强度超过90分贝的嘈杂环境中工作的人，其耳聋的发生率会明显增加。此外，长期暴露在噪声中会增加体内肾上腺素的释放，导致血压升高。高强度的噪音会导致头晕、头痛、失眠、嗜睡、全身无力、记忆力下降，甚至增加心肌梗死的发病率。

## 259. 如何进行环境噪声监测？

环境噪声监测是指对干扰人们学习、工作和生活的声音及其来源的监测。监测结果通常以A加权声级表示，采用声级计和频谱分析仪作为仪器，其方法如下。

（1）固定点监测。选择一个或几个能反映不同功能区声质量特征的监测点，进行长期监测，每次测量的位置和高度保持不变。声环境功能区监测每次至少进行一昼夜 24 小时的连续监测，得出每小时及昼间、夜间的等效声级 $L_{eq}$、$L_d$、$L_n$ 和最大声级 $L_{max}$。各监测点位的测量结果独立评价，以昼间等效声级 $L_d$ 和夜间等效声级 $L_n$ 作为评价各监测点位声环境是否达标的基本依据。

（2）普查监测。要调查和监测的环境功能区应划分为若干个大小相等的正方形网格，有效网格总数应在 100 个以上。测量点应位于每个网格的中心，条件一般在室外。监测工作在白天的工作时间和夜间 22:00—24:00 进行。每次每个测点测量 10 min 的等效声级 $L_{eq}$，同时记录噪声主要来源。将全部网格中心测点测得的 10 min 的等效声级 $L_{eq}$ 做算术平均运算，所得到的平均值代表某一声环境功能区的总体环境噪声水平，并计算标准偏差。根据每个网格中心的噪声值所对应的网格面积，统计不同噪声影响水平下的面积百分比，以及昼间、夜间的达标面积比例。

## 260. 如何防治噪声污染？

噪声污染综合防治包括管理和工程技术两个方面。在管理方面，需要统筹进行生活居住、文化教育、工业发展、商务活动等使用功能的分区布局，建立必要的防噪隔离带，或使噪声敏感建筑远离声源，强化对现有噪声污染设备、设施的治理，控制新噪声源的产生。在工程技术方面，根据噪声传播过程中声源、传播途径和接受者三个要素，可以考虑源头控制、传播途径控制和敏感目标防护。源头控制是优先措施，包括采用低噪声的设备和加工工艺，降低声源的声强；改进运转设备和工具结构，提高部件的加工精度和装配质量及声源的合理布局等。传播途径控制可以利用声音的吸收、反射、干涉等特性，采用吸声、隔声、消声、隔振、阻尼等技术措施。在有些情况下，当采用上述措施仍达不到控制标准或不经济时，就需要考虑对接收者采取防护措施，包括建筑物围护结构隔声及个体防护措施等。

## 261. 深圳市实施的建筑施工噪声污染防控“八个必须”的主要内容是什么？

建筑施工噪声污染防控“八个必须”是深圳市生态环境部门为进一步压实施工企业噪声防控主体责任，从源头推动解决噪声扰民问题，对施工企业提出的八个方面的硬性措施要求：一是必须在施工场地显著位置设置环保公告栏，主动公开施工噪声污染防治方案和控制措施；二是必须在施工现场设置群众环保诉求接访点，明确接访人和负责人，面对面接待群众来访和投诉；三是必须明确工地环保负责人，对内建立岗位责任制，落实防控噪声措施，对外建立与周边社区、物业及居民的沟通联系机制，及时落实和回应群众的环境诉求；四是必须配套建设噪声在线监测设施和规范安装视频监控系统，并与环保、住建等相关管理部门联网；五是必须严格遵守施工作业限制性规定，未经允许不得超时施工；六是必须按规范设置隔声围挡，合理布局施工机械设备，降低施工噪声对周边居民的影响；七是必须制定噪声扰民应急处置预案，分级分类采取噪声防控响应措施并向生态环境部门报备；八是必须优先选用低噪声的施工工艺和设备，落实各项隔声降噪措施，并向社会公开。

## 262. 什么是噪声地图?

噪声地图是显示一个城市的噪声水平的数据地图，它是通过对噪声源、地理信息、建筑物的分布、道路、公路、铁路和机场的状况等信息进行组合、分析和计算而产生的。

噪声地图利用环境声学、地理信息系统、建模与仿真、软件工程等理论和技术，以数字和图形的方式再现城市地区的噪声污染分布，为城市整体规划、交通发展和噪声污染控制提供科学的决策依据。构建基于噪声自动监测的噪声地图应用平台，可以实现噪声自动监测数据与噪声地图数据的互联互通，为噪声污染防治的精细化管理提供依据；可以反映区域内暴露于不同噪声水平的人群分布，寻找噪声热点；可监测和预测区域噪声的变化；可预测和展示噪声控制措施实施前后的效果等。

## 263. 什么是光污染?

光污染是指过度的、错误的或不适当的人造光，是继废水、废气、废渣和噪声等污染之后的一种新的环境污染源，主要包括白亮污染、人工白昼污染和彩光污染。光污染可分为以下几种类型：

（1）过度照明：不仅造成能源浪费，还破坏了自然的睡眠模式。

（2）眩光：由于视野中光亮度分布或范围不适宜，或存在极端的亮度对比，以致引起不适或降低观察细微目标能力的视觉现象。

（3）光杂波：指造成不必要的亮度和混乱的照明，如一簇商业灯或街灯，它会干扰夜视和照明，可能影响动物的夜间活动。

（4）天空辉光：指城市地区几乎被穹顶一样的光覆盖，是路灯、标牌或各大楼间相互反射的光线，由附近的大气反射至天空所造成的效应。天空辉光不仅会改变大气中光的质量，还会影响生物节律和飞机夜间飞行能力。

（5）光入侵：光入侵是照明系统产生的有负面影响的光，指的是不需要的、不当的、过剩的光线进入居住区。

## 264. 光污染有什么负面影响?

人类和许多动物具有特定的生理节律，需要有规律的白天光线和晚上的黑暗模式。不当或过剩的光线会打破自然的昼夜节律，对人类健康产生不利影响，导致失眠、抑郁甚至心血管疾病。大多数动物的昼夜活动系统会由于光污染而失去规律，这可能会使整个种群处于危险之中。地球的生态系统依赖于自然光的循环，人为光污染也会对生态系统产生压力，导致生物生活习性的变化。角度不当或过度的照明也可能对交通造成不利影响，因为它可能会造成人的暂时性失明，增加事故发生的概率。光污染甚至会干扰火车、飞机甚至汽车的关键导航系统。此外过度的照明还会消耗额外的能源，产生更多的二氧化碳和其他有害气体。

## 265. 什么是合适的照明水平?

光污染作为一种新的城市环境污染类型，威胁人类健康，破坏生态环境。我国相关行业颁布了一系列技术标准，并逐步纳入国家标准管理执行范畴，限制光污染的产生。其中，《城市夜景照明设计规范》（JGJ/T 163—2008）提出了限制夜景照明的光污染要求，并明确了各项光污染控制设计限值，包括居民建筑窗户外表面照度最大允许值、夜景照明灯具朝居室方向的发光强度的最大允许值、居住区和步行区夜景照明灯具眩光限值、广告和标识平均亮度最大允许值。对广告与标识，要求除指示性、功能性标识外，行政办公楼（区）、居民楼（区）、医院病房楼（区）不宜设置广告照明。《城市照明建设规划设计标准》（CJJ/T 307—2019）规范和加强了城市照明规划、设计、建设、运营的全过程管控，明确了光污染防控要求，并要求进行暗夜保护区、限制建设区、适度建设区及优先建设区的“四区划定”，落实城市夜间的生态保护。

## 266. 如何控制光污染?

控制光污染依赖于科学规划，要考虑区域划分以及灯光放置的位置。光源可以使用遮光罩，防止光线扩散到附近的区域，并将光线集中在特定的地方，这有助于厘清光污染问题及其对附近房屋和居民的负面影响。还可以用暖光代替冷光，寒冷的短波长光会损害夜间视力，造成光污染，而温暖的光在一定程度上可以防止这种污染。另外一种有效的方法是使用经过认证的照明，可以在很大程度上减少眩光、天空辉光和光线溢出，某些认证（如IDA）可确保灯具对环境的影响较小，从而将光污染降至最低。运动传感器或人体感应器是降低光污染的有效方法，只有当传感器被触发时，灯才会打开，因此它可以节省大量的能源，光污染也大大减少。对于无法调控的光污染，可以通过切断光源确定光传播的角度，从而进行调整。在可能的条件下，人们应尽可能多地关灯，这是节约能源和减少光污染最直接的方式。

## 267. 什么是电磁辐射污染?

电场和磁场的交互变化产生电磁波，电磁波向空中发射或泄漏的现象，叫电磁辐射。电磁辐射是物质内部原子、分子处于运动状态的一种外在表现形式。随着科技的发展，越来越多的电子、电气设备投入使用，使得各种频率、不同能量的电磁波充斥着地球的每一个角落乃至更加广阔的宇宙空间。对于人体这一良导体，电磁波不可避免地会构成一定程度的危害。电磁辐射污染，是指人类使用产生电磁辐射的器具而泄漏的电磁能量流传播到社区的室内外空气中，其量超出本底值，且其性质、频率、强度和持续时间等综合影响而引起某些人群的不适感，包括人体生理改变、急性病、慢性病以及死亡。不是所有的电磁辐射都会导致污染，只有当剂量或强度超过一定水平、影响人体健康时，才成为电磁辐射污染。

## 268. 电磁辐射污染源有哪些?

电磁辐射的污染源主要有天然和人为两类。天然电磁辐射由某些自然现象所引起。人类生存的地球本身就是一个大磁场，它表面的热辐射和雷电都可产生电磁辐射，太阳及其他星球也从外层空间源源不断地产生电磁辐射。人为电磁辐射来自人工制造的若干系统在正常工作时所产生的各种不同波长和频率的电磁波。影响较大的有如下系统：①电力系统，由高压、超高压输配电线路、变电站和电力变压器等产生的交变磁场，在近区场会产生严重的电磁干扰；②广播电视发射系统，广播电视发射塔是城市中最大的电磁辐射源，且大多建在城市的中心地区，在局部居民生活区形成强场区；③移动通信系统，移动基站的数目不断增加，高度逐渐下降，电磁辐射水平不断增加；④交通运输系统，电车、电气化铁路、地铁等以传导、感应、辐射等形式产生电磁辐射；⑤工业与医疗科研高频设备，这些设备产生的强辐射对环境及人体健康都有不良影响。

## 269. 什么是核辐射？

辐射是以波动形式或运动粒子形式向周围空间或物质传播的能量，如声辐射、热辐射、电磁辐射、核辐射等。核辐射是原子核从一种结构或一种能量状态转变为另一种结构或另一种能量状态的过程中所释放出来的微观粒子流。核辐射可以使物质引起电离或激发，故称为电离辐射。核辐射的射线种类主要有 $\alpha$、$\beta$、$\gamma$ 射线以及中子。$\alpha$ 射线由氦原子核（2 个质子和 2 个中子）构成，带 2 个单位的正电荷，穿透能力最弱，人类的皮肤或一张纸已能阻隔；$\beta$ 射线由电子构成，比 $\alpha$ 射线更具穿透力，有些能穿透皮肤，但在穿过同样距离时，其引起的损伤更小，但是它一旦进入体内引起的危害更大。$\beta$ 射线能被体外衣服消减、阻挡或被一张几毫米厚的铝箔完全阻挡。$\gamma$ 射线是一种波长短于 0.1 埃的电磁波，穿透能力强，可以杀灭细胞。中子辐射由中子产生，不带电，穿透力最强，对人体产生的危险比相同剂量的 X 射线、$\gamma$ 射线更严重。核爆炸的杀伤力量由冲击波、光辐射、放射性沾染和贯穿辐射组成，其中贯穿辐射主要由强 $\gamma$ 射线和中子流组成。

## 270. 人们日常接受的辐射强度有多大？

自然界存在的辐射叫作天然辐射。天然辐射的来源包括宇宙射线和地球上自然存在的放射性元素。天然辐射水平通常称为“本底辐射”。全世界平均每人每年所受的本底辐射大约是 2.4 mSv。一般来说高海拔地区所受到的宇宙射线较强，本底辐射也较低海拔地区强。某些地区由于环境中的放射性元素丰富，本底辐射也会较强。天然的本底辐射无法避免，人类在漫长的进化过程中，就生活在天然放射性环境中。除天然的本底辐射外，人们日常活动中还会受到如核试验、核设施（包括核电站）、核技术应用、核医学、核燃料循环、建筑等产生的人工辐射。通常在医院做一次 X 光胸透的辐射剂量大约是 0.1 mSv；做一次心脏血管造影 CT 大约是 20 mSv。另外，由于高空中宇宙射线被大气吸收得少，乘坐飞机也会增加辐射剂量，每乘坐 1 小时的飞机会受到 0.005 mSv 的辐射。

## 271. 影像检查如 CT 会对人体产生伤害吗？

有研究认为，对人体有害的是电离辐射。医疗检查所用的 X 线、CT、PET-CT、$\gamma$ 射线均属于电离辐射，而像手机、微波炉、紫外线、激光等属于非电离辐射。核磁共振属于磁场，不属于电离辐射。在影像科经常能够在 X 线或 CT 检查室外看到电离辐射标志。

进行影像检查时，放射科技师会遵循“放射防护三原则”，在满足医疗检查需求时，也最大限度减少患者受到的辐射剂量，比如根据检查部位，对人体射线敏感的器官如甲状腺、性腺等进行适当的屏蔽防护、减小照射野等。

此外，现代影像技术更迭发展，一些新技术如低剂量筛查 CT、双源 CT 优化、迭代算法等也明显减少了影像检查剂量，低剂量肺癌筛查 CT 的辐射剂量仅为常规胸部 CT 的 1/3～1/4，迭代重建技术的超低剂量胸部 CT 辐射，仅为常规胸片水平。

国际放射防护委员会建议书中指出，辐射总危险度为 0.0165/Sv，也就是当人体受到的辐射剂量达到 1 Sv 时，癌变概率升高 0.0165。而正常影像检查的剂量，远达不到 1 Sv，因此多照几次 CT 就会得癌的担心根本没必要。

## 272. 日常电离辐射应控制在什么范围内？

根据我国《电离辐射防护与辐射源安全基本标准》（GB 18871—2002）的规定，对于从事核相关工作的人员（放射工作人员），连续 5 年的年平均有效剂量上限为 20 mSv；任何一年中的有效剂量上限为 50 mSv；眼晶体的年当量剂量上限为 150 mSv；四肢（手和足）或皮肤的年当量剂量上限为 500 mSv。对于普通公众中的关键人群组的成员，所受到的平均年有效剂量上限为 1 mSv；特殊情况下，如果 5 个连续年的年平均剂量不超过 1 mSv，则某一单一年份的有效剂量可提高到 5 mSv；眼晶体的年当量剂量上限为 15 mSv；皮肤的年当量剂量上限为 50 mSv。

## 273. 如何进行辐射环境监测？

辐射环境监测是对操作放射性物质的设施周界之外的辐射和放射性水平所进行的与该设施运行有关的测量，辐射环境监测的对象是环境介质和生物。辐射环境监测网络在日常工作中的主要内容是开展国家辐射环境质量监测、重点核与核辐射设施监督性监测、核与辐射事故预警监测和应急监测，以了解污染源现状，掌握环境质量现状和趋势，分析辐射环境潜在危险。辐射环境监测的方式有连续测量和定期测量，除了环境 $\gamma$ 辐射水平，其他环境样品主要测量一些与核设施运行有关的关键核素，如 $^{3}H$、$^{14}C$、$^{90}Sr$、$^{137}Cs$ 等。对于核动力厂，辐射环境监测的重点是 $\gamma$ 辐射剂量率和环境介质中的放射性核素含量；铀矿开采和核燃料加工设施中含有的主要放射性核素是铀，所以辐射环境监测的重点是铀及其衰变产物和氡；对于核技术项目，在使用密封源时，主要是监测穿透性辐射；对于室外放射性核素，主要测量环境中的放射性核素；对于涉及开采伴生天然放射性矿产资源的项目，环境辐射监测的重点是伴生天然放射性元素。

## 274. 核辐射防护的作用方式有哪些?

人们受核辐射的方式有两种：内照射和外照射。$\alpha$、$\beta$、$\gamma$ 射线和中子由于其特征不同，穿透物质的能力不同，对人体造成危害的方式也不同。$\alpha$ 射线只有进入人体内部才会造成损伤，这就是内照射；$\gamma$ 射线和中子主要从人体外对人体造成损伤，这就是外照射；$\beta$ 射线既造成内照射，又造成外照射。进行外照射防护，要操作敏捷，减少照射时间，尽量远离辐射源，还可以在放射源与人体之间放置一种合适的屏蔽材料。对于 $\alpha$ 射线，用纸、铝膜或者手套阻隔即可；对于 $\beta$ 射线，常用原子序数低的材料如铝、有机玻璃、烯基塑料屏蔽；$\gamma$ 射线常用铁、铅、钢、水泥和水等高密度材料来屏蔽。进行内照射防护，首先要防止呼吸道吸收，一些气体放射性核素如氡、氚可由呼吸道进入人体；要防止被放射性核素污染的食物、水等经口由胃肠道进入人体；还要防止由伤口吸收，某些放射性核素如氡、3H、131I、90Sr（液体）可透过完整皮肤进入人体，其吸收率随时间增长而变得缓慢。当皮肤上有伤口时，其吸收率增加达几十倍以上，并使伤口难以愈合。

## 275. 哪些环境会有辐射?

辐射是带能量的粒子或电磁波在空间传播的过程，它无处不在，与我们的生活也息息相关。辐射存在于我们赖以生存的自然环境，如宇宙（宇宙射线属于天然本底辐射）、呼吸的空气（来自放射元素氡），日常使用的微波炉、电吹风、手机等家用电器，地铁安检，甚至脚下的土壤、所吃食物等。如香蕉富含钾-40，存在天然放射性；吸食的烟草中，含有放射性钋与放射性铅。

## 276. 什么是热污染?

热污染是指现代工业生产和生活中排放的废热造成的环境污染。热污染可以污染大气和水体。工业废热随着废水排入地表水后，会使水温升高。美国每天排放 4.5 亿 $m^3$ 的冷却水，几乎占全国用水量的 1/3；废热水含有约 2500 亿千卡的热量，足以使 2.5 亿 $m^3$ 的水温升高 10℃。常见的热污染有：①热岛效应，由于城市人口集中，建筑群和街道取代了地面的天然覆盖层，工业生产的热排放、大量车辆和空调的热排放，使城市中的温度高于周围的自然区域。城市热岛效应增加了冠心病、心血管和呼吸系统疾病的发病率。②水体热污染，火电厂、核电站、钢厂等的冷却水造成水体温度升高而引起水质恶化。

## 277. 城市热岛效应是如何产生的?

形成城市热岛效应的根本原因在于城市化进程改变了地表热量的收支平衡，使得城市表面对热量的吸收能力远高于其散热能力。城市中植被减少，导致由植物蒸腾作用带来的蒸发冷却减少，使城市的散热能力减弱。城市中密集的建筑物和道路，形成了不利于散热的空间结构，增强了城市的储热能力，使城市热岛效应加剧。同时，城市建成区高密度覆盖的不透水面，其反射率、粗糙程度与通常以裸地植被为主的未建成区的差异很大，使得城市对太阳辐射的吸收能力强于其周边的未建成区。此外，不仅是太阳辐射，城市中进行着的大量生产、建设活动，以及交通运输、人类新陈代谢等人类活动会产生大量的人为热，这是导致城市热岛效应的额外热源。因此，城市热岛效应的成因可以概括为三个方面：蒸发量减少，城市下垫面对太阳辐射的吸收增加，人为热。

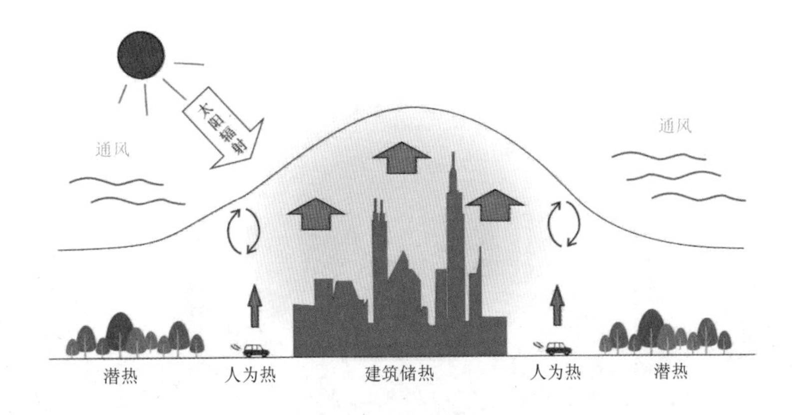


图 8-1　城市热岛效应

## 278. 城市植被有什么作用?

城市植被具有影响城市温度、湿度、辐射传输、湍流作用的气象效应，还可以有效降低大气污染物浓度，改善城市空气质量。另外，城市植被会排放一定量的挥发性有机物（VOCs），而 VOCs 作为臭氧、过氧乙酰硝酸酯（PAN）等二次大气污染物生成的前体物，能积极参与大气中的光化学反应，对区域空气质量产生不利影响。城市绿化植物既可以加快大气污染物的干沉降过程，也会导致生物源 VOCs 排放的增加，对空气质量的影响具有两面性。植被可以通过遮蔽长短波辐射和蒸腾等作用起到降低气温、增加湿度的效果。因此，城市绿化已成为缓解热岛效应的重要技术手段。

图 8-2 深圳市民中心（刘菊红 摄）

# 第九篇

# 应对气候变化

## 279. 什么是全球变暖？

全球变暖指的是一段时间中，地球的大气和海洋因温室效应而造成温度上升的气候变化现象。持续的全球变暖将导致一系列破坏性的影响，地球两极的冰川将会逐渐溶化，从而使海平面上升，导致陆地面积减少，滨海城市和居民生活受到巨大冲击。全球变暖还会对动植物的生态系统造成破坏，一些生物无法适应环境的剧烈变化面临灭绝的风险。此外，全球变暖还会影响气候变化，导致干旱、洪水等极端天气现象发生。根据联合国政府间气候变化专门委员会（IPCC）的分析，人类应将全球气温的升高幅度控制在 1.5℃以内。

## 280. 什么是厄尔尼诺现象？

厄尔尼诺现象（西班牙语：El Niño，直译为“男孩”），是指东太平洋海水每隔数年就会异常升温的现象。它与中太平洋和东太平洋（约在国际日期变更线及西经 120°）赤道位置产生的暖流有关（包括南美洲太平洋沿岸地区）。厄尔尼诺现象周期持续 2～7 年（通常接近 4 年），此期间西太平洋的气压较高、东太平洋的气压较低，降雨多发生在 9—11 月。与厄尔尼诺现象对照的是拉尼娜现象（西班牙语：La Niña，直译为“女孩”），此期间东太平洋的海面温度低于平均值、西太平洋的气压较低、东太平洋的气压较高。厄尔尼诺现象及拉尼娜现象会造成全球性的气温变化及降水变化。例如当厄尔尼诺现象发生时，南美洲地区会出现暴雨，而东南亚、澳大利亚则出现干旱。依赖农业和渔业的国家，特别是太平洋附近的发展中国家，通常受影响最大。

## 281. IPCC 是什么组织？

IPCC 是联合国政府间气候变化专门委员会（the Intergovernmental Panel on Climate Change）的缩写，是评估与气候变化相关科学的机构。IPCC 由世界气象组织（WMO）和联合国环境规划署（UNEP）成立于 1988 年，旨在为决策者定期提供针对气候变化的科学基础、其影响和未来风险的评估，以及适应和缓和的可选方案。

IPCC 的主要工作是定期推出气候变化评估报告（Assessment Reports），此外，还不定期发布特别报告（Special Reports）、方法报告（Methodology Reports）和技术报告（Technical Papers）。IPCC 的评估为各级政府制定与气候相关的政策提供了科学依据，是联合国气候大会—联合国气候变化框架公约谈判的基础。气候变化评估具有政策相关性，但不具政策指示性：或许它们根据不同情景和气候变化的风险做出了对未来气候变化的预测，讨论了可选响应方案的意义，但不是要告诉决策者该采取什么行动。

IPCC 已分别于 1990 年、1995 年、2001 年、2007 年、2013 年和 2022 年完成了 6 次评估报告，第 6 次评估报告认为全球减缓气候变化和适应的行动已刻不容缓。

## 282. 全球气候治理经历了哪些历程?

1992 年，联合国通过《联合国气候变化框架公约》，标志着全球气候治理理念与机制被各国所接受。

1997 年，《京都议定书》的出台补充了《联合国气候变化框架公约》，强调了发达国家的减排义务，是人类历史上首次以法规的形式限制温室气体排放。

2007 年，联合国气候大会达成巴厘路线图这一重要决议，确定各国加强落实《联合国气候变化框架公约》的具体领域。

2009 年，《哥本哈根协定》主要议定《京都议定书》一期承诺到期后各国排放量的后续方案，但由于发达国家与发展中国家在减排责任与义务上存在巨大分歧，最终《哥本哈根协定》并未通过，气候谈判与全球气候治理也一度陷入停滞状态。

2013 年，联合国气候变化大会华沙会议就气候资金和损失损害补偿机制等焦点议题签署了协议。

2015 年 12 月 12 日，近 200 个国家在巴黎气候大会上达成《巴黎协定》，这是继《联合国气候变化框架公约》《京都议定书》之后，人类历史上应对气候变化的第三个里程碑式的国际法律文本。

## 283. 应对气候变化包括哪些方面?

应对气候变化包括减缓和适应两大方面。减缓是指通过能源、工业等经济系统和自然生态系统较长时间的调整，减少温室气体排放，减缓气候变化速率。适应是指通过加强自然生态系统和经济社会系统的风险识别与管理，采取切实有效的调整适应行动，降低气候变化的不利影响和风险。减缓和适应二者相辅相成，缺一不可。

## 284. 什么是温室效应？温室气体主要包括哪些?

温室效应是由于让阳光进入的封闭空间与外界缺乏热交换而引起的一种保温效应，即太阳的短波辐射可以通过大气层到达地球，而地球被加热后释放的长波辐射被大气层中的二氧化碳等物质吸收，从而产生大气层的变暖效应。

温室气体是指大气中能吸收地球表面反射的长波辐射，并重新发射辐射的一些气体。1997 年《京都议定书》中规定控制的六种温室气体是二氧化碳、甲烷、氧化亚氮以及人造温室气体氢氟氯碳化物类（CFCs，HFCs，HCFCs）、全氟碳化物（PFCs）及六氟化硫（$SF_6$）等。水蒸气及臭氧也属于温室气体，但在进行减量措施规划时，一般都不将这两种气体纳入考虑。二氧化碳主要来自煤、石油和天然气等化石能源的燃烧过程，而砍伐树木会减少植物进行光合作用及吸收二氧化碳，间接增加大气层中二氧化碳的浓度；甲烷是从饲养牲畜的粪便发酵、污水泄漏及稻田粪肥发酵等活动中产生的；氢氟氯碳化物类、全氟碳化物及六氟化硫等是人类合成的气体。这三类气体造成温室效应的能力最强，其中，二氧化碳是大气中最重要的长寿命温室气体，贡献了约 66%的辐射强迫（升温效应）。

## 285. 什么是二氧化碳当量？

不同温室气体对地球温室效应的贡献度有所不同，为了统一度量不同气体的温室效应结果，又因为二氧化碳是人类活动产生温室效应的主要气体，因此规定以二氧化碳当量（$CO_2e$）为度量温室效应的基本单位。一种气体的二氧化碳当量等于该气体的质量乘以它的全球增温潜势（Global Warming Potential，GWP）。

GWP 是指在 100 年的时间框架内，某种温室气体对应于相同质量的二氧化碳所产生的温室效应的比值。GWP 值越大，表示该温室气体在单位质量单位时间内产生的温室效应越大。二氧化碳被作为参照气体，以它的 GWP 值为 1，其余气体与二氧化碳的比值作为该气体的 GWP 值，如甲烷的 GWP 值为 25，一氧化二氮的 GWP 值为 298，即 1 t 甲烷的二氧化碳当量是 25 t，而 1 t 一氧化二氮的二氧化碳当量就是 298 t。

这样，温室气体排放可以简称为碳排放，而温室气体减排也可以称为碳减排。采用二氧化碳当量这样的计量方式，是为了构造一个合理的框架以便对减排各种温室气体所获得的相对利益进行定量。

## 286. 全球碳排放水平如何？

自工业革命以来，全球碳排放总体上在逐渐增加，并呈现加速趋势。通常碳排放会与经济总量同步增长，这是由于经济发展会增加各经济部门对石油、煤炭、天然气等化石能源的消费，从而产生大量碳排放。相反，经济衰退时期，能源使用量下滑，碳排放量也会出现阶段性下滑，如 2008 年经济危机、2020 年新冠疫情，都带来了阶段性的碳排放量下降。2019 年全球碳排放量达 343.6 亿 t，创历史新高，是 1965 年的 3 倍。总体上，随着全球对气候变化问题的重视，近几年碳排放的增速逐渐放缓，并有进入平台期的趋势。在年度全球碳排放中，我国的碳排放总量接近 100 亿 t，约占 30%；其次是美国，约占 17%。在人均碳排放方面，2019 年全球人均碳排放量约为 4.4 t，我国人均碳排放量为 7.1 t，而美国为 16.1 t。截至 2019 年，全球累积碳排放超过 1.65 万亿 t，其中，美国累积排放 0.41 万亿 t，占 25%，欧盟占 22%，中国占 13%。从排放来源看，电、热生产活动，制造产业和建筑业，交通运输业是碳排放的主要来源，2018 年全球主要电、热生产活动产生的碳排放达到139.8亿t，占全球当年碳排放量的41.7%。

## 287.《巴黎协定》的主要内容是什么？

《巴黎协定》包含29个条款，包括目标、减缓、适应、损失和损害、资金、技术、能力建设、透明度和全球评估。《巴黎协定》最重要的贡献是确定了一个全球总体“硬指标”，即将全球平均气温较工业化前水平升高控制在2℃之内，并努力将升温幅度控制在1.5℃之内。只有尽快实现全球温室气体排放峰值（碳峰值），并在21世纪下半叶实现温室气体净零排放（碳中和），才能减少气候变化给地球带来的环境风险和人类的生存危机。《巴黎协定》使世界各国结成命运共同体，保护地球生态，保障人类发展，按照共同但有区别的责任、公平和各自能力的原则，进一步加强《联合国气候变化框架公约》的全面、有效和可持续实施。《巴黎协定》鼓励各方以“自主贡献”的形式参与全球应对气候变化，积极向绿色可持续增长转型；推动发达国家继续在减排方面发挥领导作用，加大对发展中国家的资金支持；在技术周期的不同阶段强化技术发展和技术转让的合作行为，帮助发展中国家减缓和适应气候变化；通过市场和非市场双重手段，进行国际间合作，采取适宜的减缓、顺应、融资、技术转让和能力建设等方式，推动所有缔约方共同履行减排承诺。

## 288. 什么是碳源和碳汇?

大气、陆地、海洋等生态系统中均储存了大量的碳。地球上的岩石圈和化石燃料是最大的碳“贮存仓库”，碳储量约占地球上碳元素总量的99.9%，在这两个“仓库”中，碳元素迁移、转化活动缓慢，碳被长期稳定贮存。而大气、水体、生物体则更类似于“流动仓库”，它们中的碳元素会在不同物质间快速迁移、转化、交换。亿万年来，地球大气中的碳基本保持着边增长边消耗的动态平衡，但是进入工业时代，人类开始大量开发使用化石燃料，在短期内将“贮存仓库”中的碳元素快速且大量转化为二氧化碳释放到空气中，打破了“碳平衡”，引起了全球气候变化。向大气中释放碳超过吸收的系统或过程被称为碳源。常见的碳源包括燃煤发电、交通、毁林等。污水、固体废物等的治理过程中也会产生直接或间接的碳排放，形成碳源。碳汇是指从大气中吸收和储存碳超过释放的系统或过程。地球上最大的碳汇是森林、土壤和海洋。

碳源与碳汇是两个相对的概念。要实现碳减排，一方面要管理控制人为活动产生的碳源；另一方面要尽量保护、增加碳汇。

## 289. 什么是蓝碳?

蓝碳即蓝色碳汇，是2009年联合国发布相关报告时首次提出的概念。广义上，蓝碳是指利用海洋生物吸收大气中的二氧化碳，并将其固定在海洋中的过程、活动和机制，具有固碳量大、效率高、储存时间长等特点。蓝碳是地球上最大的活跃碳库，其规模是陆地碳库的 20 倍、大气碳库的 50 倍。目前红树林、海草床、盐沼是获得国际认可的蓝碳生态系统，虽然这三类蓝碳生态系统覆盖面积不到海床的 0.5%，植物生物量只占陆地植物生物量的 0.05%，但其碳储存速度快，碳储量也高达海洋碳储量的 50%以上。森林、草原等陆地生态系统的碳汇储存周期最长只有几十年，而蓝色碳汇可长达数百年甚至上千年，碳汇效果非常显著。

## 290. 我国能源结构如何?

我国的能源生产和消费呈现以煤炭为主、多能互补的结构。2010 年，我国一次能源产量约为 28 亿 t 标准煤当量，其中煤炭占 81.3%，石油占 10.4%，天然气占 4.5%，水电占 3.2%，核能占 0.3%，其他能源占 0.3%。我国的能源结构调整使能源消费总量在 2020 年增至 49.8 亿 t 标准煤当量，其中煤炭占 56.8%，石油占 18.9%，天然气占 8.4%，非化石能源占 15.9%。我国是一个煤炭资源丰富的国家，煤炭储量居世界第三位；能源效率更高的石油和天然气资源相对少于煤炭。因此，我国今天是世界上少数几个煤炭在能源生产和消费中占主导地位的国家之一。我国能源资源的空间分布是不均衡的，在传统能源中，煤炭的分布特点是北多南少，西多东少，区域差异很大。大型水电资源集中在西南地区，石油生产中心在东部，太阳能、风能、地热和海洋能的分布也有很大的地区差异。能源的分布与我国的区域经济发展不匹配，因此，煤炭、石油和水电等传统能源的大规模长距离运输不可避免，增加了经济和环境成本。

## 291. 什么是碳达峰、碳中和?

碳达峰是指某个地区或行业年度二氧化碳排放量达到历史最高值，然后经历平台期进入持续下降的过程，是二氧化碳排放量由增转降的历史拐点。

碳中和是指一个国家、企业、产品、活动或个人在一定时间内直接或间接产生的二氧化碳或温室气体排放总量，可以通过低碳能源替代化石燃料、植树造林、节能减排来抵消，达到相对“零排放”。实现碳中和有四个主要途径：碳替代、碳减排、碳封存和碳循环。碳替代是用可再生燃料替代化石燃料。碳减排是在尚未实现替代的地区，通过节能和提高能效来减少碳排放。碳封存是针对碳排放集中的场景，如大型火力发电厂、钢厂和化工厂，将二氧化碳集中收集，然后通过技术手段与大气中的碳循环隔离。碳循环是利用化学和生物手段从大气中吸收二氧化碳，并使这些二氧化碳转化为生物质，主要包括人工碳转化和植物碳汇。人工碳转化是指通过化学或生物手段将二氧化碳转化为有用的化学品或燃料；植物碳汇是指植物通过光合作用吸收大气中的二氧化碳并固定在植被和土壤中。

图 9-1 全社会共同努力实现碳达峰、碳中和

（来源：魔力设）

## 292. 什么是碳达峰、碳中和的“3060”目标？

我国提出，二氧化碳排放力争 2030 年前达到峰值，力争 2060 年前实现碳中和。这一目标也被概括为“3060”目标。

具体来说，我国将促使经济转型和新能源利用，特别是使用煤炭、石油等化石能源的高能耗行业要加快节能降碳技术改造，力争在2030年前，实现我国二氧化碳等温室气体排放总量不再增长的目标。再经过30年的努力，依靠强化产业结构调整、转型升级与节能提效，加快能源低碳、零碳化转型等路径减少碳排放，并通过植树造林、森林管理、植被恢复等措施增加碳汇，在2060年前力争实现碳中和，实现人为活动温室气体的净零排放。

## 293. 我国电力行业碳排放情况如何？

能源电力减排是我国实现碳达峰碳中和的主战场。化石燃料燃烧占我国全部二氧化碳排放的88%左右，其中电力行业排放约占41%。电力行业不仅要加快清洁能源的开发利用，推动行业自身的碳减排，还要助力全社会能源消费方式升级，支撑钢铁、化工、建材等重点行业提高能源利用效率，满足全社会实现更高水平电气化的要求。电力碳排放量的高低取决于所用一次能源的结构，以煤炭、石油、天然气等化石能源为燃料，则碳排放高；以太阳能、风能、水力为能源，则可以实现近零排放。随着我国能源结构的调整，化石能源在我国发电中的比重逐渐降低。截至2020年年底，全国非化石能源发电装机容量达9.6亿kW，占总装机容量的43.4%，同时终端用能电气化水平持续提升。按照《企业温室气体排放核算方法与报告指南 发电设施》（环办气候〔2021〕9号），2021年度电网排放因子调整为0.5810 $tCO_2$/MWh。

## 294. 太阳能发电的原理是什么？

太阳能发电包括光热发电和光伏发电两种形式。光热发电是通过大量反射镜以聚焦方式将太阳能直射光聚集起来，加热工质并产生高温高压蒸汽，以此驱动汽轮机发电。它是将光能转变为热能后，通过传统的热力循环做功发电，从而将热能转化为电能的技术。光伏发电则是直接将光能转换为电能。它利用太阳能电池板吸收太阳光中的可见光形成光电子，产生电流发电。光伏发电是当今太阳能发电的重点。由于这个原因，人们也经常把太阳能发电称为光伏发电。光伏发电系统主要由太阳能电池、蓄电池、控制器和逆变器组成，其中太阳能电池是一个关键部分。太阳能电池主要分为晶体硅电池和薄膜电池，前者包括单晶硅电池和多晶硅电池，后者主要包括非晶体硅太阳能电池、铜铟镓硒太阳能电池和碲化镉太阳能电池。单晶硅太阳能电池的光电转换效率约为 15%，最高可达 23%，是太阳能电池中光电转换效率最高的，但生产成本较高。单晶硅太阳能电池的使用寿命通常为 15 年，最长可达 25 年。多晶硅太阳能电池的光电转换效率为 14%～16%，其生产成本比单晶硅太阳能电池低，因此已被大量开发，但多晶硅太阳能电池的使用寿命比单晶硅太阳能电池短。薄膜电池具有较高的理论发电效率，但在制造方面仍有挑战。

图 9-2 光伏发电（来源：魔力设）

# 295. 什么是氢能源？

氢在地球上主要以化合态的形式出现，是宇宙中分布最广泛的物质，它构成了宇宙质量的 75%，是二次能源。氢气作为燃料，具有热值高、无污染的特点，可以循环利用（氢气燃烧生成水，水分解产生氢气）。氢能利用形式多，既可以通过燃烧产生热能，在热力发动机中产生机械功，又可以作为能源材料用于燃料电池，或转换成固态氢用作结构材料。用氢代替煤和石油，不需要对现有的技术装备做重大的改造，现有的内燃机稍加改装即可使用。目前生产氢气燃料的主要途径包括化学制氢、电解水制氢和生物制氢。化学制氢是利用煤化工等过程产生氢气副产品，电解水制氢是利用电能将水分解为氧气和氢气，生物制氢是利用微生物发酵将生物质转化为氢气和二氧化碳。目前实现大规模生产的是化学制氢，用于支撑氢能社会的主要是电解水制氢，但其还需要一定的技术提升，生物制氢可以利用废弃生物质，是一种有益补充。需要注意的是，在氢气生产时，所用电力为可再生能源电力（绿电）才能有利于碳减排。

## 296. 什么是液化天然气？

液化天然气（Liquefied Natural Gas，LNG），主要成分是甲烷，无色、无味、无毒且无腐蚀性。通过专门的槽车或轮船可以将大量的液化天然气运输到管道难以到达的任何用户，不仅比地下输气管道节省投资，而且方便可靠、风险性小、不受地质条件限制。对于自身气源不足的国家，进口液化天然气是满足其燃气供应的最方便、最经济的方式。

## 297. 什么是燃料电池？

燃料电池是一种把燃料所具有的化学能直接转换成电能的化

学装置。由于燃料电池是通过电化学反应把燃料的化学能中的吉布斯自由能部分转换成电能，不受卡诺循环效应的限制，因此发电效率高达40%～60%。另外，燃料电池用燃料和氧气作为原料，同时没有机械传动部件，故排放出的有害气体极少，使用寿命长。燃料电池的种类很多，如质子交换膜燃料电池、阴离子交换膜燃料电池、固体氧化物燃料电池、熔融碳酸盐燃料电池、磷酸盐电池等。目前广泛研究应用的主要是质子交换膜燃料电池，该电池通常以氢气作为燃料，即氢燃料电池。氢燃料电池包括阳极、阴极、质子交换膜和外部电路。氢气和氧化气分别由电池的阳极和阴极通入，氢气在阳极上被氧化成质子，释放出电子，电子经外电路传导到阴极，形成电流；质子通过质子交换膜迁移到阴极，并在阴极与氧气、电子结合生成水构成回路。由于本身的电化学反应以及电池的内阻，燃料电池还会产生一定的热量。为了提高氢氧化和氧还原的速率，电池的阴、阳两极都涂敷有催化剂。阴、阳两极通常为多孔结构，以便于反应气体的通入和产物排出。质子交换膜起传递质子和分离氢气、氧气的作用。

## 298. 什么是生物质燃料电池？

生物质燃料电池是燃料电池的一种。生物质可以通过生化反应或化学反应转化为氢气、一氧化碳等燃料气体，再利用普通的燃料电池进行发电，但这些转化过程不仅降低能量转化效率，也会生成二次污染。相对而言，生物质燃料电池可以直接利用生物质发电，反应条件温和，发电效率更高，燃料来源广泛，过程更加清洁。乙醇电池、甲醇电池、葡萄糖电池、微生物燃料电池是典型的生物质燃料电池。由于可以利用人体血液中的葡萄糖和氧气作燃料，葡萄糖电池可以用于心脏起搏器等体内设备或可穿戴设备；微生物燃料电池还可以利用一般燃料电池不能利用的各种有机物甚至污水等作为燃料。目前生物质燃料电池还存在生物质转化效率低的问题，如葡萄糖只能降解为葡萄糖酸，而不能直接矿化，导致燃料利用效率低；微生物燃料电池也存在易受冲击、功率密度低的问题。为此，科学家近几年发明了直接利用复杂生物质的化学燃料电池，可以达到更高的发电效率和功率密度，并能实现复杂有机物的完全矿化，在污染治理和生物质废物利用方面具有广阔的前景。

## 299. 什么是潮汐发电？

在月球和太阳的引力作用下，可以观察到海水的周期性涨落现象，一般每日涨落两次。在白天的称“潮”，夜间的称“汐”，总称潮汐。涨潮时，大量的海水带着大量的动能进入，同时，水位逐渐上升，动能转化为势能。退潮时，海水冲回，水位逐次下降，势能转换为动能。海水移动时的动能和势能被称为潮汐能。潮汐能是一种储量很大的可再生能源，不需要开采或运输，很干净，不会污染环境。潮汐能发电与传统的水力发电类似，都是利用水库发电，在涨潮时将海水作为势能储存起来，然后在退潮时释放出来，利用潮位的差异驱动涡轮机旋转发电。不同的是，与河水不同，储存的海水没有大的坡度，但流量大，而且是间歇性的，所以潮汐发电的涡轮机设计必须适合于低水头和大流量。

## 300. 什么是CCS?

CCS是碳捕获（Carbon Capture）和储存（Storage）的缩写，是指直接从燃煤电厂或其他工业过程中捕获二氧化碳气体。如果捕获的二氧化碳不在现场使用，则通过管道、船舶、铁路或卡车进行压缩和运输，然后注入深层地质构造（包括枯竭的石油和天然气的储层或盐层）进行永久储存。CCS 有三种类型：燃烧前捕获、燃烧后捕获和富氧燃烧。燃烧前捕获是指含碳燃料与蒸汽和氧气反应，产生合成气作为气体燃料，然后使用与燃烧后捕获相同的方法从合成气中去除二氧化碳。最广泛使用的碳捕获类型是燃烧后捕获。燃烧烟气离开锅炉时，将二氧化碳与烟气的其他成分分离并压缩贮存。从供给化石燃料燃烧的空气中去除氮是富氧燃烧过程的第一步。剩下的几乎是纯氧气，用于燃烧燃料，然后使用与燃烧后捕获相同的方法从烟道气中去除二氧化碳。

## 301. 什么是CCUS?

CCUS是碳捕获（Carbon Capture）、利用（Utilization）和封存（Storage）的缩写，相对于CCS增加了利用环节，即把生产过程中排放的二氧化碳进行提纯，继而投入新的生产过程中，可以循环再利用，而不是简单的封存。与CCS相比，CCUS可以将二氧化碳资源化，能产生经济效益，更具有现实操作性。捕获的二氧化碳可以用于制作二氧化碳纯品和干冰、油田驱油，或成为有机原料等。安徽海螺水泥股份有限公司白马山水泥厂利用化学吸收法进行碳捕获，得到副产物3万t/a食品级液体二氧化碳和2万t/a工业级液体二氧化碳。利用电化学手段捕获到的二氧化碳还可以还原为氢气、一氧化碳和甲醇、甲醛、甲酸、甲烷等初级化工产品，它们可以进一步加工为多种多样的工业化学品。

## 302. 什么是碳足迹?

碳足迹是指一个企业、机构、活动、产品或个人排放的温室气体总量，温室气体排放以二氧化碳当量表示。温室气体排放的渠道主要包括运输、食品生产和消费、能源使用和各种生产过程。与碳排放相比，碳足迹更关注整个生命周期的概念，即不仅包括一项活动或产品造成的直接碳排放，还包括该活动或产品内部的能源和材料消耗造成的间接碳排放。生命周期评估（Life Cycle Assessment，LCA）可用于计算碳足迹，其目的是系统地分析产品或服务在整个生命周期内对环境的潜在影响，即从“摇篮”到“坟墓”的能源消耗和环境影响，包括原材料收集、生产、加工、运输、消费和最终处置或回收废物的过程。2021 年，国际标准化组织（ISO）颁布了产品碳足迹核算标准 ISO 14067，提供了产品碳足迹量化最基本的要求和指导。

## 303. 什么是碳交易？什么是碳市场？

碳交易是一种基于市场的机制，用于帮助缓解全球温室气体排放。将碳排放权作为一种商品，成功减排的企业可以在碳交易市场上出售其多余的碳排放权，需要超额“排放”的企业必须购买缺少的碳排放权以实现其减排目标。与传统的行政措施相比，碳交易不仅可以让企业承担减少温室气体排放的责任，还可以提供减少碳排放的经济激励，降低整个社会的减排成本，刺激绿色技术创新和产业发展，为处理经济发展和碳减排之间的关系提供有效工具。

碳市场又称碳交易市场，是指以温室气体排放权或温室气体减排信用为基础材料进行交易的市场。通俗来讲，就是将二氧化碳排放作为一种商品来买卖。如前所述，需要减少排放的企业被分配到一定数量的碳信用额度，那些成功减少排放的企业可以出售多余的信用额度，而那些超过排放的企业则必须从碳市场上购买信用。这就控制了碳排放总量，激励企业通过优化能源结构和提高能源效率来减少排放。碳市场最大的创新是通过市场在资源分配中的决定性作用来解决环境问题的“市场化”方法。

## 304. 如何计算碳排放量?

开展碳排放交易首先要计算交易主体的碳排放量。碳排放量化方法目前主要有实测法、物料衡算法、排放系数法、模型法、生命周期法。根据深圳市标准化指导性技术文件《组织的温室气体排放量化和报告指南》(SZDB/Z 69—2018)，深圳市碳排放权交易体系下的碳排放量化方法主要包括排放系数法和物料平衡法。

（1）实测法：通过测量排放气体的流速、流量和浓度，计算气体的排放总量。实测法的基础数据主要来源于环境监测站。

（2）物料衡算法：在生产过程中投入系统或设备的物料质量必须与系统生产的物质质量相等。目前，大部分估算工作和基础数据采集都是基于该方法进行的。

（3）排放系数法：也称排放因子法，是指在正常的技术、经济和管理条件下，单位生产所排放的气体量的统计平均值。在不同的技术水平、生产条件、能源使用和工艺流程条件下，碳排放系数差异较大。因此，该方法具有一定的不确定性。

（4）模型法：森林和土壤生态系统较为复杂，碳通量受季节、区域、气候、人类及各种生物的活动、社会发展等多种因素影响，且各因素相互作用，因此常采用生物地球化学模型进行模拟。通过考察温室效应、降水、太阳辐射、土壤结构等环境条件，模拟森林和土壤生态系统的碳循环过程，计算森林、土壤和大气之间的碳循环和温室气体通量。由于模型的许多参数还不完善，该方法局限性较大。

（5）生命周期法：针对产品或活动，调查其生命周期内的原材料开采、运输、制造/加工、分配、利用/再利用/维护以及过后的废弃物处理，并核算每个活动过程的碳排放，最后进行加和。

## 305. 碳交易机制对碳达峰、碳中和工作有何作用和意义?

一是利用交易机制释放碳排放价格信号，以鼓励减排成本低的企业超额减排，减排成本高的企业可依据成本灵活选择减排途径（实施减排措施或购买配额、其他减排量等），最终以社会层面减排成本最优化的方式，实现特定的减排目标。

二是为碳减排提供经济激励机制，引导资金向减排潜力大的行业领域倾斜，推动绿色低碳技术创新，同时通过开发碳金融产品与服务，帮助绿色低碳企业拓展融资渠道，实现碳资产保值增值，助力绿色低碳产业发展。

三是有利于推动高碳行业绿色低碳转型，将温室气体减排主体责任压实到企业的同时，推动其实现产业结构和能源消费低碳化。

四是通过构建碳市场自愿减排抵消机制，巩固和提升生态系统的碳汇能力，促进可再生能源加速发展，助力区域协调发展和生态保护补偿，倡导绿色低碳的生产生活方式。

## 306. 碳交易品种有哪些？

世界碳交易市场大致可分为两大类。一类是基于配额的交易，即在“限额与交易（Cap-and-Trade）”体制下，购买那些由管理者制定、分配（或拍卖）的减排配额，如《京都议定书》下的分配数量单位（AAUs），或欧盟排放交易体系（EU ETS）下的欧盟配额（EUAs）。另一类是依据项目的交易。参与的国家可以通过联合实施机制（JI）下的项目向参与的其他国家购买减排单位（ERUs）、经认证的减排单位（CERs）和碳汇产生的减排单位（RMUs）。CERs 是经过认证的减排，额度由发展中国家的清洁发展机制（CDM）项目产生，排放权额度的转让或买进，将通过国家登记被跟踪记录。

国内的碳交易品种一般分为政府分配给企业的碳排放配额、国家核证自愿减排量（CCER）、碳普惠核证自愿减排量以及经主管部门批准的其他交易品种。其中，碳排放配额是指由主管部门分配给纳入碳交易市场管控企业/单位的碳排放额度，是碳排放权的凭证和载体，分配方式包括免费分配和有偿分配。CCER 是指符合国家主管部门发布的温室气体自愿减排相关管理规定，在国家温室气体自愿减排交易注册登记系统中登记的温室气体自愿减排量。碳普惠核证自愿减排量是指在各地建立的碳普惠体系下，符合各地主管部门备案的碳普惠方法学所产生的核证减排量。

## 307. 碳交易履约有哪些主要工作流程？

一是主管部门明确碳市场排放总量、管控的重点排放单位名单以及交易监管规则，综合减排目标、产业政策、减排潜力等因素制定碳排放配额分配方案，严格约束管控的重点排放单位的碳排放指标，并向其分配碳排放配额。二是管控的重点排放单位对自身碳排放数据和生产活动产出数据进行量化，定期向主管部门报告，并接受独立第三方机构对其提交的报告开展核查。三是管控的重点排放单位在市场上购买缺少的碳排放配额/核证减排量，或出售富余的碳配额/核证减排量，形成碳交易市场，释放碳价格信号。四是管控的重点排放单位在规定期限内，向主管部门上缴足额碳排放配额或一定比例的核证减排量，用于抵消自身年度碳排放量，完成年度履约义务。

## 308. 深圳市碳交易试点制度政策和基本情况如何？

2011 年 10 月，国家发展改革委批准北京、天津、上海、重庆、湖北、广东、深圳等 7 个省（市）开展碳交易试点工作。2013 年 6 月 18 日，深圳市碳交易市场在全国率先启动。为规范碳排放权交易活动，深圳市构建了“1+1+N”的法律制度体系：“1 个法规”，即《深圳经济特区碳排放管理若干规定》；“1 个政府规章”，即《深圳市碳排放权交易管理办法》（深圳市人民政府令第 343 号，修订新版自 2022 年 7 月 1 日起施行）；“N 个配套制度”，即《组织的温室气体排放量化和报告规范及指南》，以及相关的核查规范及指南、碳排放权交易规则等配套管理制度。

截至 2022 年 8 月 31 日，参与深圳市碳交易的重点排放单位共计 750 家，覆盖 33 个行业，年发放配额总量约 2500 万 t，累计配额交易量 6929 万 t，交易额 16.28 亿元。CCER 交易量达 2899 万 t，交易额 3.55 亿元，在全国试点地区中以约 2.5%的配额规模实现了 13.15%的交易量占比和 11.91%的交易额占比，市场流动性居全国试点首位。

## 309. 我国碳市场发展如何？

2011 年 10 月，国家发展改革委批准在北京、天津、上海、重庆、湖北、广东和深圳等 7 个省（市）开展碳交易试点工作。2013—2014 年，7 个试点省（市）先后启动市场交易，建立了各具特色的碳交易体系。2016 年 12 月，新增四川、福建 2 个试点碳市场，四川省碳市场交易品种主要为国家核证自愿减排量（CCER），福建省碳市场推出了在省内碳市场可交易的林业碳汇项目。2017 年 12 月，全国碳排放交易体系启动工作电视电话会议召开，宣布首批纳入年排放量达 2.6 万 t 二氧化碳当量的电力行业企业，后续将逐步扩大至石化、化工、建材、钢铁、有色、造纸、电力、航空等重点排放行业。2021 年 7 月 16 日，全国碳排放权交易市场正式启动上线交易，第一个履约周期纳入发电行业重点排放单位 2162 家，年覆盖二氧化碳排放量超过 45 亿 t，是全球覆盖排放量规模最大的碳市场。截至 2022 年 7 月 15 日，全国碳市场累计碳配额成交额达 84.92 亿元，累计成交量达 1.94 亿 t。

## 310. 什么是气候投融资？

气候投融资是指为实现国家自主贡献目标和低碳发展目标，引导和促进更多资金投向应对气候变化领域的投资和融资活动，是绿色金融的重要组成部分。气候投融资的支持范围包括减缓和适应两个方面。

（1）减缓气候变化。包括调整产业结构，积极发展战略性新兴产业；优化能源结构，大力发展非化石能源；开展碳捕获、利用与封存试点示范；控制工业、农业、废弃物处理等非能源活动温室气体排放；增加森林、草原及其他碳汇等。

（2）适应气候变化。包括提高农业、水资源、林业和生态系统、海洋、气象、防灾减灾救灾等重点领域的适应能力；加强适应基础能力建设，加快基础设施建设，提高科技能力等。

## 311. 深圳市气候投融资支持哪些行业？

2022 年 4 月，中共深圳市委全面深化改革委员会印发《深圳市气候投融资改革实施方案》，提出国家（深圳市）气候投融资项目库主要支持七大行业：清洁低碳能源、低碳工业、低碳交通、低碳建筑、废弃物管理和废水低碳化处置、生态系统碳汇、低碳技术服务。

## 312. 什么是碳普惠？

碳普惠是指对小型和微型企业、公共家庭和个人的节能和减碳行为进行具体的量化和价值归属，并建立一个结合商业激励、政策激励和认证减排量交易的积极治理机制。碳交易市场可以分成碳排放权交易市场、碳汇市场、碳税机制和碳普惠机制四个部分，其中碳排放权交易是碳交易市场的主体，而其他三个部分是对主体碳交易市场的补充和完善。碳排放权交易市场主要针对的是参与控排的企业，碳汇市场和平台的参与者主要是碳减排的第三方服务商和机构，碳税机制则是针对各行各业的企业生产产生的碳排放的一个新税种，对于没有参与控排市场的中小企业，为了降低碳排放量，也需要征收对应的碳税。

碳普惠是一个面向家庭和个人的微型碳市场，允许每个家庭和个人量化其碳减排行为并参与碳市场。在这个机制下，每个人和每个家庭的行为所带来的碳汇和减排量可以被科学地统计和认证为个人绿色碳资产，参与碳交易市场，将低碳环保行为变成个人的权利和回报。碳普惠机制建设的关键一环是个人碳金融账户，我国部分商业银行推出了个人碳账户，并以碳账户为基础，推出了各类绿色金融产品。

## 313. 深圳市碳普惠体系的核心机制是什么？

深圳市以“低碳权益、普惠大众”为核心，坚持“政府引导、市场运作、公开透明、全民参与”原则，打造“双联通·四驱动”碳普惠体系，具体量化小微企业、社区家庭和个人节能减碳行为并赋予一定价值，通过低碳行为数据平台与碳交易市场平台互联互通，以政策鼓励、商业激励、公益支持和交易赋值四驱联动为支撑，在“形成持久、普遍的绿色生活方式”领域先行示范，打造绿色发展的“深圳样板”。

## 314. 深圳市碳普惠体系的创新特色是什么？

（1）实现全低碳场景覆盖，即涵盖绿色出行、绿色消费、绿色生活、绿色公益以及其他基于项目的减排行为等主要领域。

（2）发挥数据聚集效应，即充分利用深圳市经济发达、基础设施建设完备、互联网科技力量雄厚、大数据开发便利等优势和特点，实现低碳行为数据的高效采集、汇聚和量化，并鼓励各类场景打造兼具趣味性和实时性的应用小程序。

（3）建立具有市场可持续性的碳普惠交易机制，通过实现低碳行为数据与碳普惠减排量的转换，以及与碳市场交易平台的连接，构建集商业激励、公益奖励和交易赋值于一体的碳普惠机制。

## 315. 什么是近零碳社区？

近零碳社区是指通过绿色建筑、分布式可再生能源设施和智能管理系统降低外部能源消耗，通过居民的绿色消费、公交出行、垃圾分类回收等低碳生活方式降低相关资源消耗，从而实现社区的近零碳排放。2021 年 11 月，深圳市发布《深圳市近零碳排放区试点建设实施方案》，正式启动近零碳排放区试点建设。深圳市第一批近零碳排放区试点项目社区类共有 3 个，盐田区大梅沙社区是其中之一。盐田区大梅沙社区以社区人均碳排放量和碳排放总量稳步下降为主要目标，打造建筑、能源、交通、生态碳汇、废弃物等多领域低碳示范工程，建立健全碳普惠机制，培育低碳发展理念和绿色生活方式，构建了完备的近零碳排放社区发展模式。

## 316. 什么是近零碳排放区试点项目？

近零碳排放区试点项目是指基于现有低碳工作基础，在一定区域范围内，遴选若干个减排潜力较大或低碳基础较好的片区、园区、社区等开展试点，通过集成应用能源、产业、建筑、交通、废弃物处理、碳汇等多领域低碳技术成果，开展管理机制的创新实践，实现该区域内碳排放总量持续降低并逐步趋近于零的综合性试点项目。

## 317. 什么是零碳社区？

零碳社区是指通过在城市社区内发展低碳经济，创新低碳技术，改变生活方式，形成结构优化、循环利用、节能减排的高效物质循环体系，形成健康、节约、低碳的生活方式和消费模式，最大限度地减少社区内二氧化碳等温室气体的排放，同时通过增加社区内及周边的绿化面积，提高社区吸收温室气体的能力，最终实现城市社区碳排放接近零的目标。

## 318. 为什么提倡创建零碳社区？

创建零碳社区是积极响应国家号召，以点带面推动国家碳达峰、碳中和决策落地的重要举措，也是深圳市建设中国特色社会主义先行示范区，率先建成绿色低碳、美丽宜居、人与自然和谐共生的生态城市的具体体现。盐田区是深圳市最早一批所有社区全部完成广东省宜居社区和绿色社区创建的行政区，在盐田区积极开展零碳社区建设试点创建，将有利于与已有的社区创建成果有机融合，持续提升社区的人居环境质量与绿色低碳品质。

## 319. 如何建成零碳社区？

零碳社区建设需要做好以下几方面工作。

零碳建设：通过提升绿化率、公交站点覆盖率，完善慢行交通网络等措施优化社区规划布局；完善社区新能源汽车充电桩、旧衣服回收等设施。

零碳运营：提升绿色照明比例，实施太阳能、风能等绿色能源利用；加强社区水资源节约及回收利用，推广餐厨垃圾资源化处理。

零碳生活：宣传节能低碳、绿色及环保理念，培育零碳社区文化，形成绿色低碳生活习惯。

零碳管理与服务：专人或专岗负责社区零碳工作管理，建立社区零碳管理机制；针对社区能耗、水耗等配置智能控制系统，完善社区碳排放信息管理。

# 第十篇

# 生态环境新热点

## 320. 全球有哪些重大环境问题?

近二三十年，全球生态环境问题日益突出，特别是全球气候变暖、臭氧层耗竭、酸雨、水资源状况恶化、土壤资源退化、全球森林危机、生物多样性减少、毒害物质污染与越境转移八大问题，正威胁着人类的生存。这些问题需要全球通力合作，转变观念和行动模式，走可持续发展的道路，促进清洁生产、倡导循环经济；需要制定国际法规，各国共同遵守；发达国家应当为发展中国家提供经济和技术支持，帮助他们保护本国的生态环境；普遍开展宣传教育工作，使“我们共同拥有一个地球”的观念深入人心。

## 321. 什么是水—能源—粮食问题?

水、能源和粮食对人类福祉、减贫和可持续发展至关重要。相关全球预测表明，在未来几十年，在人口增长和流动、经济发展、国际贸易、城市化、饮食多样化、文化和技术变革以及气候变化的压力下，淡水、能源和食物的需求将显著增加。农业用水量占全球淡水总用水量的 70%，是世界上用水量最大的行业，水被广泛用于整个农业粮食供应链的农业生产、林业和渔业，并以不同形式生产或运输能源。粮食生产和供应链消耗的能源约占全球能源消耗总量的30%。生产、运输和分发粮食以及提取、泵送、收集、运输和处理水都需要能源。城市、工业和其他用户也要求越来越多的水、能源和土地资源，同时面临环境退化和在某些情况下资源短缺的问题。这种情况预计在不久的将来会加剧，因为2050年养活世界人口需要多生产60%以上的粮食。到2035年，全球能源消费预计将增长50%。到2050年，全球用于灌溉的总水量预计将增加10%。随着需求的增长，能源、农业、渔业、畜牧业、林业、采矿、运输和其他部门之间的资源竞争将日益激烈，对生计和环境的影响难以预测。

## 322. 减污降碳协同增效有什么含义?

2021年4月30日，习近平总书记在主持十九届中央政治局第二十九次集体学习时指出，"十四五"时期，我国生态文明建设进入了以降碳为重点战略方向、推动减污降碳协同增效、促进经济社会发展全面绿色转型、实现生态环境质量改善由量变到质变的关键时期。他强调，要把实现减污降碳协同增效作为促进经济社会发展全面绿色转型的总抓手，加快推动产业结构、能源结构、交通运输结构、用地结构调整。

我国的污染防治正在迈向温室气体与环境污染物协同治理新阶段。温室气体与环境污染物具有同根同源性，例如，煤炭等化石燃料在燃烧过程中既产生二氧化碳等温室气体，也会产生颗粒物、一氧化碳、二氧化硫等空气污染物。温室气体与环境污染物在控制措施方面也具有协同效应。当前，我国生态环境保护结构性、根源性、趋势性压力总体上尚未根本缓解，结构性污染问题仍然突出。进一步将大气污染防治与温室气体控排措施深度融合，将加快生态环境由量变到质变的改善进程。因此，污染治理手段亟须从末端治理向以产业结构和能源结构调整为主的源头治理升级。

## 323. 卫星在环境监测中有何应用?

我国的卫星遥感环境监测应用始于 20 世纪 70 年代末，经过 40 多年的发展，积累了大量的卫星数据检索和应用技术方法。特别是近年来，随着国家民用空间基础设施规划的实施，国产卫星模型、载荷、遥感监测应用等各项技术发展迅速，在大气、水和生态环境监测评价方面取得了重大进展。卫星遥感可以追溯多年的历史数据，分析长时间序列的环境质量变化过程。同时，利用遥感数据天然的客观性和良好的一致性，有助于发现环境质量相对较差或者环境遭到破坏的区域。目前，卫星遥感监测应用以“高精度、全方位、短周期”为目标，为中央生态环境保护督察、国家重大活动保障、大气污染监督帮扶、突发环境事件应急响应、入河排污口排查、尾矿库分级分类、自然保护区人类活动遥感监测、水源地现场核查、红线监管等多项重点环境治理专项任务提供了重要的数据保障，已成为智慧监测创新应用的主要手段之一。

图 10-1　我国首颗陆地生态环境碳监测卫星（来源：央视报道截图）

## 324. 污水溯源如何帮助监控毒品？

人吸食毒品后，其代谢产物会随尿液进入生活污水。通过在污水处理厂进水口采样，测定其中毒品的浓度，再结合污水流量和毒品的排泄率，就能计算出污水处理厂服务区内某种毒品的消费量，再根据污水厂的服务人口，便可推算出该服务区内毒品的人均消费量。通过对污水管网沿程的采样分析，还可以对毒品源头进行精确定位，实现对毒品的有效管控。除此之外，污水溯源可以在禁毒工作中发挥多方面的作用，一是发现新滥用物质，二是提供客观数据支撑，三是可以优化禁毒工作的管理模式。

## 325. 什么是EOD模式？

EOD 模式是生态环境导向的开发模式（Eco- zenvironment-oriented Development）的简称，是以生态保护和环境治理为基础，以特色产业运营为支撑，以区域综合开发为载体，采取产业链延伸、联合经营、组合开发等方式，推动公益性较强、收益性较差的生态环境治理项目与收益较好的关联产业有效融合，统筹推进，一体化实施，将生态环境治理带来的经济价值内部化，是一种创新性的项目组织实施方式。

## 326. 什么是绿道和碧道？

绿道是一种线形绿色开敞空间，通常沿着河滨、溪谷、山脊、风景道路等自然和人工廊道建立，内设可供行人和骑车者进入的景观游憩线路。绿道建设基本不需要占用建设用地指标，符合低碳城市发展要求，还可以全面提升城乡居民的生活质量，强化地方风貌特征，提升发展品位。珠江三角洲和深圳市绿道网走在了全国绿道系统建设和发展的前列。

碧道是以水为纽带，以江河湖库及河口岸边带为载体，统筹生态、安全、文化、景观和休闲功能建立的复合型廊道。碧道包括“三道一带”：通过优化廊道的生态、生活、生产空间格局，形成碧水畅流、江河安澜的安全行洪通道，水清岸绿、鱼翔浅底的自然生态廊道，留住乡愁、共享健康的文化休闲漫道，高质量发展的生态活力滨水经济带。

图 10-2 深圳滨海大道（梁霞舜 摄）

## 327. 什么是新污染物?

新污染物是指由人类活动造成的、目前已明确存在但尚无法律法规和标准予以规定或规定不完善，危害生活和生态环境的所有在生产建设或者其他活动中产生的污染物。有毒有害化学物质的生产和使用是新污染物的主要来源。目前，国内外广泛关注的新污染物主要包括国际公约管控的持久性有机污染物（POPs）、内分泌干扰物（EDCs）、抗生素、微塑料以及药品与个人护理用品（PPCPs）、全氟化合物（PFCs）、溴化阻燃剂（BFRs）、饮用水消毒副产物（DBPs）等。新污染物有五个方面的特征：①危害比较严重，对器官、神经、生殖发育等方面都可能有危害；②风险比较隐蔽，多数新污染物的短期危害不明显，可通过各种途径进入环境中；③环境持久性，新污染物大多具有环境持久性和生物累积性；④来源广泛，新化学物质的生产消费都可能产生新污染物；⑤治理复杂，新污染物的危害转化、迁移机理研究难度大，其生产使用和环境污染底数不易摸清，部分新污染物是人类新合成的物质，其替代品和替代技术不易研发。

## 328. 什么是持久性有机污染物?

持久性有机污染物（POPs）是指具有剧毒，在环境中难以降解，可以生物积累，可通过空气、水和迁徙物种远距离跨界迁移并沉积到远离排放点的地区，并可在陆地生态系统和水域生态系统中蓄积，对环境和生物造成负面影响的天然或人工合成有机物。持久性有机污染物包括目前或曾经用于农业、疾病控制、制造或工业过程的有意生产的化学品。例如，多氯联苯曾被用于多种工业（变压器和大电容；液压和换热流体；颜料和润滑油添加剂），滴滴涕（双对氯苯基三氯乙烷，DDT）曾作为杀虫剂广泛用于农业和生活中。持久性有机污染物还包括一些非故意产生的污染物，例如，某些工业过程和生活垃圾燃烧时产生的二噁英及呋喃类物质。

## 329.《斯德哥尔摩公约》有何意义？

持久性有机污染物可以通过风和水输送，一个国家产生的大多数持久性有机污染物可以影响到远离它们的地方的人和生态。它们会在环境中存在很长一段时间，并通过食物链从一个物种传到另一个物种。为解决这一全球关注的问题，2001 年 5 月，多个国家在瑞典斯德哥尔摩签署了一项联合国条约——《斯德哥尔摩公约》，各国同意减少或消除 12 种主要持久性有机污染物的生产、使用和/或排放，并在该公约下规定了一个引发全球关注的其他持久性有机污染物化学品增加的科学审查程序。《斯德哥尔摩公约》中纳入全球控制的持久性有机污染物大多是有机氯农药，包括：艾氏剂（Aldrin）、狄氏剂（Dieldrin）、异狄氏剂（Endrin）、滴滴涕（DDT）、六氯苯（HCB）、七氯（Heptachlor）、氯丹（Chlordane）、灭蚊灵（Mirex）、毒杀芬（Toxaphene）、五氯苯酚（Pentachlorophenol）、六六六（HCH）、开蓬（Kepone）、硫丹（Endosulfan）。

## 330. 什么是内分泌干扰物？

内分泌干扰物（EDCs）是能够影响内分泌系统并产生不良影响的化学物质。内分泌干扰物通常存在于食品、饮料、农药或空气中，被人体摄入或吸入后，可以存留在血清、胎盘、脂肪、脐带血中，与内源性受体结合，干扰激素的合成、运输、作用和降解，增加或减少细胞反应，导致儿童和成人的内分泌问题。内分泌干扰物大多是亲脂性的，且耐代谢。常见的内分泌干扰物有双酚 A、高氯酸盐、二噁英、邻苯二甲酸盐、植物雌激素、多氯联苯、多溴联苯醚、三氯生、全氟烷基和多氟烷基物质、杀虫剂（如二氯二苯二氯乙烯及其代谢物）、有机磷化合物、烷基酚表面活性剂、对羟基苯甲酸酯、甲氧基氯、己烯雌酚、杀菌剂农利灵和天然激素。

## 331. 环境中抗生素有何风险？

抗生素是指由微生物（包括细菌、真菌、放线菌属）或高等动植物在生活过程中所产生的具有抗病原体或其他活性的一类次级代谢产物，能干扰其他生活细胞发育功能的化学物质。随着抗生素在临床上的广泛使用，很多病原体出现了耐药性，不仅使抗生素的使用出现了危机，而且“超级耐药菌”的出现使人类的健康受到了严重的威胁。随着人类和养殖业使用抗生素的增加，排泄到环境中的抗生素也越来越多，海洋、湖泊、河流、地下水中都发现了抗生素的踪迹。低剂量抗生素长期排放到环境中，会增加敏感菌的耐药性，耐药基因在环境中扩展和进化，对生态环境和人类健康构成潜在威胁。抗生素除了引起细菌耐药，对其他生物也可能有一定的毒性。

## 332. 什么是微塑料？

微塑料是指直径小于 5 mm 的小塑料碎片。微塑料体积小，这就意味着更高的比表面积（比表面积指多孔固体物质单位质量所具有的表面积），比表面积越大，吸附污染物的能力越强。人类广泛使用塑料制品，它们在使用过程中和废弃后会进入到自然环境中，虽不能被完全降解，但会逐渐变小，形成微塑料。微塑料在环境中广泛存在，由于其体积小、来源广、化学成分复杂且与生态系统中的生物和非生物因素存在众多相互作用能力，因此会对食物链产生多种直接和间接影响。据估算，每年有 800 万 t 塑料垃圾进入海洋，而微塑料在土壤生态系统中的分布比水生生态系统更广泛。微塑料可以通过空气、土壤和水进入到农业环境中，直接或间接地影响作物产量、植物和动物（食物链的组成部分）的健康，以及人类（最终消费者）的健康。

## 333. 什么是药品与个人护理用品？

药品与个人护理用品（Pharmaceutical and Personal Care Products，PPCPs）是个人出于健康或化妆原因使用的任何产品，如香水、化妆品、防晒霜、非处方药等，或农业企业用于促进牲畜生长或健康的任何产品，如兽药。它包括数千种化学物质，也包括抗生素。这些污染物被释放到生态系统中时，人类对其风险知之甚少。环境中 PPCPs 的来源与人类活动密切相关。它可以通过人类排泄物、垃圾处理等方式进入环境。其中，人类或动物服用的药物间接或直接排放到环境中是 PPCPs 的主要来源。人或动物摄入的药物不能被充分吸收和利用，一些未代谢或未溶解的药物成分（如甲氨蝶呤）会通过粪便和尿液排入污水系统。污水处理厂的工艺设计用于处理天然源的人类废物，污染物的降解主要通过微生物作用，其对 PPCPs 的降解效率有限。

## 334. 什么是全氟化合物？

全氟化合物（PFCs）是一大类人造化合物，广泛用于日用品，使其更耐污渍、油脂和水。例如，全氟化合物可用于防止食物粘在厨具上，使沙发和地毯耐污渍，使衣服和床垫更防水，也可用于一些食品包装以及一些消防材料。由于它们有助于减少摩擦，也被用于其他行业，包括航空航天、汽车、建筑和电子行业。野生动物和人类可广泛接触到几种全氟辛烷化合物，包括全氟辛酸（PFOA）和全氟辛烷磺酸盐（PFOS）。PFOA 和 PFOS 是其他商业产品的副产品，这意味着当其他产品被制造、使用或丢弃时，它们会被释放到环境中，且在环境中分解非常缓慢。人们最可能接触这些化合物的方式是食用受全氟化合物污染的水或食物，或使用含有全氟化合物的产品。PFCs 具有肝脏毒性、生殖和发育毒性、免疫系统毒性、甲状腺毒性、内分泌干扰效应、神经毒性、心血管毒性等多种毒性效应。PFCs 进入人体后，95%可被消化吸收，大部分存在于血清、肝脏和肾等重要排毒器官和组织，且难以随尿液和粪便等从体内排出。

## 335. 什么是溴化阻燃剂？

溴化阻燃剂（BFRs）是人造化学物质的混合物，被添加到包括工业用途在内的各种产品中，以降低其可燃性。它们通常用于塑料、纺织品和电气/电子设备。溴化阻燃剂主要有五类：①多溴二苯醚（PBDEs）塑料、纺织品、电子铸件和电路；②建筑工业中的六溴环十二烷（HBCDs）绝热材料；③四溴双酚A（TBBPA）等酚类印刷电路板、热塑性塑料（主要用于电视）；④多溴联苯（PBBs）消费电器、纺织品、塑料泡沫；⑤其他溴化阻燃剂。大部分溴化阻燃剂为脂溶性，容易累积在人体内，特别是会对幼儿产生不利影响。在全球部分地区的母乳中发现了溴化阻燃剂。长期接触溴化阻燃剂会妨碍大脑和骨骼发育，危害内分泌系统，影响激素在体内的平衡。欧盟已限制部分溴化阻燃剂的使用。

## 336. 什么是饮用水消毒副产物？

饮用水消毒副产物是在饮用水消毒过程中，消毒剂与水中的有机物质发生反应而产生的一系列副产物。常用的饮用水消毒剂是氯气、臭氧和二氧化氯。在氯化过程中，氯气与腐殖酸、富里酸、藻类及其代谢物、蛋白质和其他有机物质反应，形成两种氯化副产物：挥发性卤化有机物和非挥发性卤化有机物。饮用水臭氧消毒的副产物是羰基化合物、含氧酸和羧酸。当饮用水用二氧化氯消毒时，无机副产物亚氯酸盐和氯酸盐占主导地位。除了人类可能接触到的饮用水消毒副产物，在游泳、洗浴和洗碗时也会产生消毒副产物，因为也要使用消毒剂。消毒副产物不会在环境中积累。人们在饮用氯化或溴化水和呼吸含有消毒副产物的空气时，会接触到消毒副产物。在洗澡和游泳时，消毒副产物也可以被皮肤吸收。暴露在低剂量的消毒副产物中对人类健康的影响尚不清楚，但暴露在高剂量的消毒副产物中会导致肝脏损伤和神经系统活动减弱。三卤甲烷和卤乙酸是典型的消毒副产物，约占氯化消毒副产物的 80%及以上，具有致癌性。水中的溴化物质可被臭氧等强氧化剂氧化成溴酸盐。溴酸盐是一种潜在的 2B 级致癌物。

## 337. 纳米颗粒有何毒性?

合成纳米粒子根据其化学成分可分为五类：碳纳米粒子、金属氧化物、零价金属、量子点纳米粒子、有机聚合物和其他纳米粒子。这些合成纳米粒子由于其纳米级、独特的机械性能、接触反应性、光学性能和导电性，正越来越多地被用于光电子学、生物医学、化妆品、能源和催化领域。关于合成纳米粒子对环境生物毒性的研究正逐渐成为一个国际热点。纳米粒子在生产、消费和处置过程中进入环境，并最终迁移和转移到水和土壤中。由于比细胞小几个数量级，大小与大的蛋白质相当，纳米粒子可以通过吸入、摄取和皮肤接触进入人类和其他物种体内，最终进入细胞并破坏其功能。只有一些纳米粒子的生物效应被研究；这一领域的研究仍处于早期阶段，许多纳米粒子的毒理学效应尚不清楚。

## 338. 生态环境科技产业园的发展演变有几个阶段?

20 世纪 60 年代，西方发达国家因生产企业间需要交换副产物自发演化形成了以生产制造为主、功能单一的初代生态环境科技产业园，典型代表为丹麦的卡伦堡工业园。

到 20 世纪 90 年代，随着资源短缺和环境问题的出现，资源循环利用成为全球热点，产生了以垃圾焚烧电厂为核心、聚焦固体废物处理相关产业的工业园区，产业链向上下游延伸，园区衍生发展出了包含简单的生产服务功能（如物流、仓储）及生活服务功能（如宿舍、商业）的第二代生态环境科技产业园，典型代表包括加拿大 Burnside 工业园、瑞典马尔默生态工业群、英国萨瑟克工业园、印度古吉拉特邦工业区等。

2000 年前后，研发创新的功能逐渐强化，技术创新成为生态环境科技产业园区持续技术进步、保持领先水平的驱动，产业生态链更加复杂，生产和生活配套更加健全完善，并增加了回馈城市居民的主题公园等福利设施，形成了第三代生态环境科技产业园，典型代表包括日本北九州生态工业园、美国查尔斯岬生态工业园区、美国布朗斯维尔生态工业园、英国贝丁顿生态社区、阿联酋零碳城市马斯达尔等。

随着中国特色社会主义示范区元素的注入，形成了以“资源闭环循环、能源协调供应、产业协同发展、生态服务精品、区域研产集群”为主要特征的第四代生态环境科技产业园区，如深圳市的深汕生态环境科技产业园。

## 339. 中央对粤港澳大湾区及深圳市生态环境保护提出了哪些要求？

推进粤港澳大湾区建设是以习近平同志为核心的党中央作出的重大决策，是习近平总书记亲自谋划、亲自部署、亲自推动的国家战略。2019 年 2 月，中共中央、国务院正式发布《粤港澳大湾区发展规划纲要》，标志着粤港澳大湾区建设进入全面推进的新阶段。发展目标提出：到 2022 年，生态环境优美的国际一流湾区和世界级城市群框架基本形成，绿色智慧节能低碳的生产生活方式初步确立；到 2035 年，资源节约集约利用水平显著提高，生态环境得到有效保护，宜居宜业宜游的国际一流湾区全面建成。2019 年 8 月，《中共中央 国务院关于支持深圳市建设中国特色社会主义先行示范区的意见》出台，要求深圳市成为“可持续发展先锋”，在美丽湾区建设中走在前列，为落实联合国 2030 年可持续发展议程提供中国经验。

## 340. 什么是生态环境企业合规建设？

生态环境企业合规建设是指企业或其他生产经营单位各项活动符合生态环境保护法律、法规、规范、政策、标准、企业规章和企业的自我承诺。企业可以通过建立合规体系来作无责任抗辩或者通过行政和解来减轻或免除行政处罚。企业合规体系作为行政激励机制的一种形式，当企业在发生违法或者违规行为后，可通过建立或完善合规管理体系来换取行政监管部门或者司法机关的宽大处理。

生态环境企业合规建设是指生态环境行政执法部门在办理涉企案件过程中，发现涉案企业符合激励机制适用范围的，通过制发提示函或告知书，提醒企业有选择适用合规程序的权利，以及适用该程序可以从宽处罚的法律后果，确保符合条件的企业均有适用企业合规程序的选择权。在现有法律框架内，根据实际情况，积极对其适用从轻、减轻、免于行政处罚的激励机制。

## 341. 什么是可持续发展议程创新示范区？

可持续发展议程创新示范区的全称是“中国落实 2030 年可持续发展议程创新示范区”，是为贯彻落实全国科技创新大会精神和《国家创新驱动发展战略纲要》，推动落实联合国 2030 年可持续发展议程，充分发挥科技创新对可持续发展的支撑引领作用而建立的。

国务院于 2016 年 12 月印发《中国落实 2030 年可持续发展议程创新示范区建设方案》，就示范区建设作出明确部署，其总体定位是：以习近平新时代中国特色社会主义思想为指引，按照“创新理念、问题导向、多元参与、开放共享”的原则，以推动科技创新与社会发展深度融合为着力点，探索以科技为核心的可持续发展问题系统解决方案，为我国破解新时代社会主要矛盾、落实新时代发展任务作出示范并发挥带动作用，为全球可持续发展提供中国经验。

山西太原、广西桂林、广东深圳是首批国家可持续发展议程创新示范区。

## 342. 深圳市可持续发展议程创新示范区承担哪些工作？

根据《深圳市可持续发展规划（2017—2030年）》和《深圳市国家可持续发展议程创新示范区建设方案（2017—2020年）》，深圳市将聚焦资源环境承载力和社会治理支撑力相对不足“两大问题”，承担“五大重点任务”，实施“四大工程”，打造“两大体系”，完善“四大创新机制”。

“五大重点任务”包括建设更具国际影响的创新活力之城、建设更加宜居宜业的绿色低碳之城、建设更高科技含量的智慧便捷之城、建设更高质量标准的普惠发展之城、建设更加开放包容的合作共享之城。

“四大工程”包括资源高效利用、生态环境治理、健康深圳建设和社会治理现代化。

打造“两大体系”是以重大科技攻关、重大科技基础设施建设、科技资源开放共享、“孔雀计划”、优质教育等行动为重点，健全创新服务支撑和多元人才支撑“两大体系”。

完善“四大创新机制”是以自然资源资产管理制度改革、公立医院改革、社会治理方式创新、科研活动组织方式创新、海外高层次人才引进等政策体制创新为突破口，完善资源环境管控、社会治理服务、创新创业动力、人才教育保障等机制。

## 343. 什么是未来水厂？

现代污水处理厂沿用的是1914年英国工程师提出的“活性污泥法”，就是利用污泥中微生物的氧化代谢作用对污水里的有机污染物进行转化去除，最终净化水质。该方法耗能高，会产生大量生物污泥和二氧化碳。因此，以污水再生、能源自给、资源回收为目标的“未来水厂”成为污水处理发展的新方向。2017年，我国启动了名为“面向未来污水处理厂关键技术研发与工程示范”的课题。2021年，北京市东坝再生水厂投产，不仅出水水质优于现有北京污水处理厂的标准限值，还会将不溶解的有机物经过厌氧产甲烷、沼气利用而产生能量。同年，全国首座具有领先示范效应的污水处理厂——宜兴城市污水资源概念厂在宜兴环保科技工业园正式建成投运。概念厂要向环境提供可持续水质，同时要通过厌氧消化等协同处理工程，承担区域有机废弃物（生活垃圾、污泥、畜禽粪便等）的处理，并为厂区和周边提供能源。污水中含有的磷是一种不可再生的资源，磷回收也是未来水厂的发展方向之一。

## 344. 什么是污水源热泵？

除了来自厌氧消化的能源，污水处理厂还可以使用由污水资源驱动的热泵来供热。热泵使用低质量的来自污水的热资源，利用热泵原理将低水平的热能转变成高水平的热能，并带有少量的高水平电能。根据热泵是否直接从污水中获取热量，污水源热泵可分为直接型和间接型。直接污水源热泵是指安装在污水箱中的蒸发器，通过蒸发制冷剂从污水中吸收热量的热泵。间接污水源热泵是指在低热源回路和污水泵回路之间有一个中间换热器的热泵，或者热泵的低热源回路通过浸没式水/污水换热器从污水池中的污水吸收热量。目前，使用二级污水或中水作为热源和冷源的热泵通常为直接热交换型，而使用污水作为热源和冷源的热泵通常为间接热交换型。水源热泵的热交换温度全年稳定，通常为 10～25℃，冷热系数可达 3.5～4.4。总的热泵系统在冬季可提供 45～50℃的水温，通过增加高温热泵可将水温提高到 70℃以上。

## 345. 什么是厌氧氨氧化？

厌氧氨氧化是一种厌氧微生物反应过程，可用于污水处理。在传统的生物反硝化过程中，脱氮是通过两个独立的过程，即硝化和反硝化实现的。根据普遍接受的理论，进行硝化和反硝化的细菌类型是不同的，需要不同的环境条件。硝化细菌主要是自养型，需要环境中高水平的溶解氧，将氨氧化成亚硝酸盐和硝酸盐，而反硝化细菌则相反，主要是异养型，适合在缺氧环境中生长，利用额外的碳源将硝酸盐转化为氮。与传统的硝化反硝化作用相比，在厌氧条件下，厌氧氨氧化细菌以二氧化碳或碳酸盐为碳源，以铵盐为电子供体，以亚硝酸盐/硝酸盐为电子受体，将氨直接氧化为氮气，与完全硝化作用（将氨氧化为硝酸盐）相比，可节省60%以上的氧气。使用氨作为电子供体也节省了传统生物反硝化过程所需的碳源。因此，在污水反硝化要求增加、污水处理厂运行中能源和药物消耗减少的情况下，厌氧氨氧化过程获得了广泛的关注，并在一些污水处理厂实施运行。

## 346. 什么是污水碳源？

我国污水处理标准中，对出水的总氮要求较高，这就需要采用硝化反硝化工艺进行脱氮处理。在反硝化步骤，微生物需要额外的碳源满足自身需求，而我国许多污水处理厂面临进厂COD偏低、碳源不足的问题，导致反硝化的硝酸盐/亚硝酸盐去除率低、出水总氮超标。因此，外加碳源成为目前脱氮的主流手段，碳源一般有甲醇、乙酸钠、淀粉、葡萄糖等。甲醇作为外碳源具有运行费用低和污泥产量小的优势，以甲醇为碳源时的反硝化速率比以葡萄糖为碳源时快3倍，但甲醇有一定毒性，成本相对较高，响应时间较慢；乙酸钠的优点在于它能立即响应反硝化过程，能作为污水处理厂运行时的应急处理，但是乙酸钠价格较贵，污泥产率高。糖类物质中，以淀粉、蔗糖、葡萄糖为主，由于葡萄糖是最简单的糖，所以目前研究比较多。葡萄糖投加量较大，但容易引起细菌的大量繁殖，导致污泥膨胀，增加出水中COD的值。总体上，投加碳源可以解决污水脱氮问题，但这不仅增加了污水处理厂的运行负担，也增加了污水处理过程的碳排放。

## 347. 为什么要推动低碳污水处理厂建设?

为了减少碳排放，降低污水处理能耗和物耗是行业升级的必由之路。目前，国内外水务行业已积极探索实现碳中和的方法和路径，美国水环境研究基金会明确提出2030年所有污水处理厂实现碳中和运行的目标；荷兰水务局提出在2030年将二氧化碳排放量减少55%；日本提出到21世纪末完全实现污水处理能源自给自足；新加坡提出从“棕色水厂”到“绿色水厂”的时间表与路线图；北京排水集团率先发布预计到2025年实现近零碳排放，此外，中国环境产业协会也于2021年发布了国内的十大低碳水厂（河南3座，北京2座，上海、辽宁、山东、安徽、浙江各1座）。

深圳市已开展了水质的提标工作，在能耗和碳排指标上尚与国内外先进水厂存在一定差距，因此，须尽快开展污水处理的低碳化工作，助力打造世界一流湾区城市。目前深圳市污水处理厂规模共计624.5万 $m^3/d$，吨水能耗均值为0.26～0.38（kW·h）/$m^3$，占社会能耗的比重不容小觑。为实现深圳市低碳城市建设和可持续发展的目标，推动污水处理行业的节能降碳是必然要求。

## 348. 什么是水固协同处理?

废弃物处理过程中会产生各类污/废水，而污/废水处理过程中会产生污泥，打通水固协同处理体系实现协同增效，是应对大城市废弃物处理需求的有效途径。利用城市污水处理厂的空闲用地，开展城市废弃物的协同处理，一方面可以节约城市用地，实现集约化处理，降低处理费用；另一方面可以通过不同物质、能量的协同，降低处理难度，缩短处理流程，减少污染物排放和碳排放，提高系统处理效率。污水处理厂进行水固协同处理可以采用多种模式，因地制宜。一方面，不同的有机废物可以与污水处理厂的污泥进行协同处理；另一方面，污水处理厂和有机废物处理设施之间还可以进行能量交换。同时，有机废物处理过程还可以利用污水处理厂的设施进行废水、废气的净化，为污水处理提供碳源。水固协同处理充分利用了不同物料的特点、不同设施的优势，从而克服单一处理系统的不足。通过将多源有机废物处理与水处理相结合，实现能量、物质、设施的统筹规划、统一协同、科学调配，达到节约土地、降低成本、增加效率和减污降碳的效果，将污水处理厂打造成城市的资源再生中心。

## 349. 什么是湿式空气氧化？

湿式空气氧化是以空气或氧气为氧化剂，在中温、中压条件下（200～260℃，2.0～5.0 MPa）反应，使有机物颗粒破裂，有机物溶出并分解为易于生物降解的小分子，部分有机质矿化为二氧化碳和水，同时杀灭各类病原菌，使有机废弃物趋于无机化，达到废弃物减量化、稳定化和无害化的目的。热水解和氧化反应是湿式空气氧化中的两个主要反应，根据氧气供应情况的不同，这两个反应可以依次或同时进行。有机质的氧化降解主要通过自由基反应来完成，自由基反应主要包括三种类型，即自由基的引发、增长和终止。湿式空气氧化可以有效降解高浓度有机废水和市政污泥。典型的湿式空气氧化工艺能对反应产生的热量进行利用，以维持反应的正常进行，无须另外输入能量。湿式空气氧化具有处理有机物范围广、效果好、反应时间短、反应器容积小、二次污染少、可回收有用物质和能量等优势，而且还可以直接建在污水处理厂内，实现污泥的原地处置。

## 350. 什么是地下综合管廊?

地下综合管廊是用于集中铺设城市电力、通信、广播电视、供水、排水、供热、燃气等市政管线的公用隧道，是综合利用城市地下空间的一种有效途径。相较于传统市政管线，地下综合管廊，一是能够显著改善城市市容市貌，通过线路“入地”消除天空“蜘蛛网”；二是能够避免“马路拉链”，通过管线地下施工维护减少地上反复开挖，降低对城市正常运行的影响；三是能够集约节约利用地下空间，通过集中管线布局布设，减少分散布局对地下空间的切割占用；四是能够提高城市基础设施的安全韧性，管线维护更加便捷，提高使用耐久性，受自然灾害等影响小，可有效增强城市防灾抗灾能力。在管廊运维方面，通过构建综合管廊智能运维管理系统，应用大数据、云计算、人工智能等技术，实现综合管廊智能分析控制、应急辅助决策、主动维护保养、智能采购申请与考核评估等功能。无线物联网+边缘计算的应用可以实现氧气、温湿度、有毒气体、结构状态和风机设备等无线控制，可以实现对管道走廊环境和设备的实时、全方位监测，提高管道走廊的安全性，降低运维成本。

## 351. 什么是两网融合?

再生资源行业主要由商务部门主管，从业企业多以生活源、工业源产生的高值可回收物为目标开展活动。针对纸板、易拉罐等高值可回收物，许多“拾荒者”和保洁人员从事源头捡拾垃圾的工作，然后将其交付给再生资源公司的回收站或回收车，经分拣中心分类打包后送往各类加工厂。这一链条构成了我国传统的生活垃圾回收网络，发挥了巨大作用，但其也存在运作不规范、安全隐患多的问题。我国目前开展的生活垃圾分类工作，设置了“可回收物”，但分出来的高值可回收物又会被翻拣出来送入回收网络，翻捡垃圾中还会导致垃圾洒落，而剩下的低值可回收物仍需要环卫部门进行收集、回收。环卫部门不得不建立一套针对低值可回收物的回收网络，重复建设造成资源浪费，还存在监管上的交叉重叠。为了解决上述问题，需要将“生活垃圾网络”和“再生资源网络”打通，让垃圾分类各环节间做到有效无缝衔接，即“两网融合”。

## 352. 什么是零填埋和全量焚烧?

生活垃圾的无害化处置长期依赖卫生填埋，该方法占用大量土地，还有空气污染、地下水污染等隐患，不可持续。为了推动生活垃圾的可持续管理，我国正在推进生活垃圾焚烧处理设施建设，要求垃圾产生量在300 t/d以上的地区建设焚烧厂，不足该产量的地区合作建设焚烧厂，以实现原生垃圾的“零填埋”，同时在源头分类减量的基础上，依靠焚烧厂进行其他垃圾的无害化和能量回收，即“全量焚烧”。需要注意的是，零填埋不是不设置填埋厂，而是针对原生垃圾的零填埋，一些生活垃圾资源化过程中的无机残渣，还需要填埋作为最终手段，同时，填埋场也是城市固体废物应急管理系统的关键设施。全量焚烧也不是一烧了之，而是在源头分类和资源回收的基础上，针对其他垃圾的处理手段。随着“无废城市”建设的推进，生活垃圾的处理更加依赖资源回收，此时焚烧处理的比重也会逐渐下降。

## 353. 全量焚烧需要注意哪些问题？

在扩大垃圾焚烧处理规模的同时，需要同步提升焚烧的二次污染控制水平。对某一地区而言，当焚烧规模越来越大时，虽然每个焚烧设施都满足了排放要求，但总的污染物排放量在逐渐增加，为了降低环境风险，就必须同步提高二次污染控制标准，特别是烟气污染物控制标准。全量焚烧还会显著增加焚烧灰渣的产生量，特别是焚烧飞灰。飞灰产生率和垃圾特性、焚烧技术以及运行都有关系，炉排炉飞灰为垃圾焚烧量的3%～5%，而流化床飞灰高达10%以上。焚烧过程中，重金属、二噁英、可溶盐等在低温段会富集于飞灰，使得飞灰具有严重的环境危害性。焚烧飞灰作为危险废物，目前主要依赖于固化后的填埋处置，占用填埋空间，需要考虑资源转化的方法。最后，在全量焚烧的基础上，还要充分考虑生活垃圾资源化技术的发展，降低对焚烧系统的依赖性。

## 354. 什么是绿色建筑？

绿色建筑是指在整个生命周期内，能够节约资源、保护环境、减少污染，为人们提供健康、适用、高效的使用空间，最大限度地实现人与自然和谐共处的优质建筑。2019 年，我国发布了《绿色建筑评价标准》（GB/T 50378—2019），采用安全耐久、健康舒适、生活便利、资源节约、环境宜居五大指标对绿色建筑进行评价。评价分为基本级、一星级、二星级、三星级四个等级。

深圳蛇口邮轮中心是全国首批、深圳市首个通过新国标三星级认证的项目。在苏州绿博会上，作为深圳市优秀绿色建筑项目，荣获国家绿色建筑三星级认证标识牌。该建筑先后通过深圳市绿色建筑协会自主组织的专家现场审查，以及联合中国城市科学研究会组织的专家评审，创造了通过国家和地方协会共同评审项目的先例。

## 355. 什么是绿色施工？

根据《绿色施工导则》（2007 年由建设部印发），绿色施工是指工程建设中，在保证质量、安全等基本要求的前提下，通过科学管理和技术进步，最大限度地节约资源与减少对环境负面影响的施工活动，实现“四节一环保”（节能、节地、节水、节材和环境保护）。

绿色施工作为建筑全寿命周期中的一个重要阶段，是实现建筑领域资源节约和节能减排的关键环节。绿色施工主要采用因地制宜原则，贯彻和执行国家、行业和地方相关的政策。绿色施工不仅包括传统意义上的封闭施工、减少尘土和降低噪声污染，更多涉及生态与环境保护、资源与能源利用、社会与经济发展等相关内容。

## 356. 什么是绿色电力？

绿色电力是指利用特定的发电设备，将风能、太阳能等可再生能源转化为电能，以利于环境保护和可持续发展。与其他行业相比，绿色电力日益蓬勃发展，特别是风力发电和太阳能光伏发电在全球范围内得到广泛应用。自 2006 年以来，世界 500 强企业纷纷大举投资风电行业。2012 年，中国已经取代美国成为世界上最大的风电国家，国家电网成为世界上规模最大、增长最快的风电电网。大型电网运行大型风电的能力处于世界领先水平。2013年，中国光伏的国内装机量一举超过德国，成为全球第一。我国的大规模市场、全工业部门优势为技术应用与迭代升级创造了良好条件。在技术方面，我国虽起步较晚，但研发迅速，在风电、光伏领域已从全面对标国际转为部分领跑国际。

## 357. 什么是绿色工厂？

绿色工厂是指实现了用地集约化、原料无害化、生产洁净化、废物资源化、能源低碳化的工厂。2018 年，我国首次制定和发布《绿色工厂评价通则》（GB/T 36132—2018），明确了绿色工厂的术语定义，并从基本要求、基础设施、管理体系、能源资源投入、产品、环境排放、绩效等方面，按照“厂房集约化、原料无害化、生产洁净化、废物资源化、能源低碳化”的原则，建立了绿色工厂系统评价指标体系，提出了绿色工厂评价通用要求。标准的发布将有利于引导广大企业创建绿色工厂，推动工业绿色转型升级，实现绿色发展。

深圳市从电子信息、医药、机械、汽车等重点行业选择了一批基础较好、代表性较强的企业，结合企业节能降耗、清洁生产、资源综合利用等工作，积极开展绿色工厂建设。

## 358. 人口变化对我国环境治理有何重大影响？

基于我国人口、经济在过去 70 多年内的逐步增长，现有分析均预测各类污水、废水、垃圾产生量将以不同程度增长，而处理策略以设施新建、扩建、提标为主要内容。然而，自 2010 年之后，随着我国城镇化率达到 50%这一较高水平，人口逐渐向中心城市聚集，相应地，有许多中小城市出现了人口收缩现象，而且收缩型城市数量增加，收缩程度逐渐严重。根据预测，我国人口将在 2030 年前后达峰，随后城市人口总数将逐渐下降，这意味着除少数中心城市外，大多数城市都会面临不同程度的人口收缩问题。人口连续负增长是收缩型城市的核心特征，人口减少也常常伴随着经济和社会的收缩。这就意味着即使生活形态不发生变化，我国各类废弃物的产生总量也将会逐渐减少。因此，现有设施的运行和未来设施的建设都必须考虑这一因素，做出全面的准备。

## 359. 应对气候变化技术需求评估对“一带一路”沿线国家技术转移有什么意义？

通过了解技术需求评估（Technology Needs Assessment，TNA），各国可以确定如何减少温室气体排放并适应气候变化的不利影响。

TNA 是实现技术转移的前提。早在 2001 年，《联合国气候变化框架公约》第 7 次缔约方大会就正式提出 TNA 的概念，并在发展中国家开展减缓和适应技术的需求评估。截至 2021 年年底，《联合国气候变化框架公约》的技术需求评估项目已经进行到第四阶段，已有近 100 个发展中国家完成并提交了 TNA 报告。

“一带一路”沿线国家受气候变化影响严重，亟须从其他国家转移适当的适应气候变化技术。技术需求评估是有效开展技术转移的必要前提。1995—2015 年受气候灾害影响最大的 10 个国家中有 7 个属于“一带一路”沿线国家。

TNA 流程的一个关键成果是技术行动计划（Technical Action Plan，TAP），用于吸收和传播优先技术。这些技术将有助于“一带一路”沿线国家的社会、环境和经济发展以及气候变化的减缓和适应。

## 360. 无人机在生态环境领域的应用有哪些？

无人机在生态环境领域的应用主要体现在以下三个方面：

（1）环境和生态监测。对空气、土壤、植被和水的质量进行监测，也能对突发污染事件进行实时跟踪和监测。

（2）环境执法。执法部门使用配备有收集和分析设备的无人机飞越某些地区，监测工厂的排放，寻找污染源。

（3）环境管理。使用装有催化剂和气象探测设备的柔翼无人机进行空中喷洒，以消除某些地区的雾霾，其原理与使用无人机喷洒农药的原理相同。

无人机的优点是不受空间和地形的限制，效率高，流动性强，检查范围广。环保人员还可以携带不同类型环境传感器的无人机形成生态环境监测系统解决方案，并将监测数据实时回传，对特定区域进行整体监测，便于收集严重污染源，采取管理措施。

# 参考文献


[1] 习近平. 推动我国生态文明建设迈上新台阶[J]. 资源与人居环境，2019（2）：6-9.

[2] 丁可. 亚洲鲤鱼在美国造成生态灾害的解决方案[J]. 科技创业月刊，2015（4）：113-115.

[3] 环保运动之母：蕾切尔·卡逊[J]. 科学大观园，2001（7）：17.

[4] 尹文. 世界自然基金会：环保 NGO 的先行者[J]. 环境教育，2009（8）：59-61.

[5] 张希. “地球一小时”的节能思考[J]. 新商务周刊，2017（24）：276.

[6] 余谋昌. 生态文明与可持续发展[J]. 绿色中国 B 版，2019（2）：61-63.

[7] 李胜. 超大城市突发环境事件管理碎片化及整体性治理研究[J]. 中国人口·资源与环境，2017，27（12）：9.

[8] 中共中央办公厅、国务院办公厅《中央生态环境保护督察工作规定》[J]. 中国食品，2019（13）：142-146.

[9] 周新军. 生态环境损害赔偿法律问题研究[J]. 重庆理工大学学报（社

会科学版），2018（10）：111-118.

[10] 孙绍锋，刘雨浓，张西华，等．建立废电器处理基金是推行生产者责任延伸制度的有效举措[J]．环境与可持续发展，2018，43（1）：3.

[11] 吕忠梅．中国环境司法的基本形态、当前样态与未来发展——对《中国环境司法发展报告（2015—2017）》的解读[J]．环境保护，2017（18）：7-12.

[12] 张旭．对建立现代城市循环经济体系的思考[J]．学术交流，2003（10）：4.

[13] 付允，马永欢，刘怡君，等．低碳经济的发展模式研究[J]．中国人口•资源与环境，2008，18（3）：14-19.

[14] 蔡晓明．生态系统生态学[M]．科学出版社，2000.

[15] 田先华．受威胁植物濒危等级和标准[J]．陕西师范大学继续教育学报，2003（2）：117-119.

[16] 杨永兴．国际湿地科学研究的主要特点、进展与展望[J]．地理科学进展，2002，21（2）：111-120.

[17] 王圣瑞，倪兆奎，席海燕．统筹兼顾 推进湖泊生态环境保护——我国湖泊富营养化治理历程及策略[J]．环境保护，2016，44（18）：6.

[18] 张振华．迁徙路上的“天罗地网”[J]．方圆，2016（33）：14-19.

[19] 具杏祥．水利工程水环境效益的影响因子与量化模型[J]．黑龙江水专学报，2006（1）：85-88.

[20] 顾国维．水污染治理技术研究[M]．同济大学出版社，1997.

[21] 顾耀斌．二次供水设施多元化管理模式[J]．城市建设理论研究（电子

版），2016（6）：57-57.

[22] 王新宇．城市河道污染分析及治理[J]．四川水泥，2019（1）：157.

[23] 蒲恩奇．大气污染治理工程[M]．高等教育出版社，1999.

[24] 尹群．2015 年吉安市环境空气质量现状评价与分析[J]．江西化工，2016（4）：95-98.

[25] 董洁，李梦茹，孙若丹，等．我国空气质量标准执行现状及与国外标准比较研究[J]．环境与可持续发展，2015，40（5）：6.

[26] 石油．环境空气质量标准[J]．中国环境管理干部学院学报，2012，22（1）：1.

[27] 谢振键．室内挥发性有机污染物的测定方法与防治措施[J]．工业技术创新，2015（6）：637-643.

[28] 郭雪琪．VOCs 走航监测：技术方法与案例应用[J]．生态环境学报，2020（2）：311-318.

[29] 张记市，王华，谢刚，等．垃圾焚烧二噁英污染物的控制技术[J]．环境保护，2003（1）：2.

[30] 丁松燕．室内甲醛污染物检测技术的相关研究进展[J]．化工时刊，2017（11）：37-39，48.

[31] 李永涛，吴启堂．土壤污染治理方法研究[J]．农业环境保护，1997（3）：118-122.

[32] 宁西翠，王艺桦．重金属对土壤污染以及修复[J]．生命科学仪器，2007，5（4）：3.

[33] 陈能场，郑煜基，何晓峰，等．全国土壤污染状况调查公报[J]．中国

环保产业，2014（5）：2.

[34] 兰新怡. 污染场地土壤初步调查布点及采样方法的研究[J]. 资源节约与环保，2019（12）：79，81.

[35] 许可. 固体废弃物资源化技术与应用[M]. 冶金工业出版社，2003.

[36] 城市生活垃圾分类及其评价标准（CJJ/T 102—2004 J 373—2004）[M]. 中国建筑工业出版社，2004.

[37] 邵蕾，周传斌，曹爱新，等. 家庭厨余垃圾处理技术研究进展[C]. 2011中国可持续发展论坛暨中国可持续发展研究会学术年会. 2011.

[38] 杨娜，张晓琴，吕凡，等. 家庭厨余垃圾管理模式环境经济效益评估研究进展[J]. 生态经济，2023，39（1）：9.

[39] 杨霞，杨朝晖，陈军，等. 城市生活垃圾填埋场渗滤液处理工艺的研究[J]. 环境工程，2000.

[40] 梁鹏，黄霞，钱易，等. 污泥减量化技术的研究进展[J]. 环境污染治理技术与设备，2003，4（1）：44-52.

[41] 国务院办公厅. 国务院办公厅关于印发“无废城市”建设试点工作方案的通知[J]. 再生资源与循环经济，2019（2）：1-4.

[42] 张驰. 噪声污染控制技术[M]. 中国环境科学出版社，2007.

[43] 王亚军. 光污染及其防治[J]. 安全与环境学报，2004（1）：56-58.

[44] 骆玉洁. 朗夜星空——《城市照明建设规划标准》解读[J]. 城乡建设，2020（14）：6-9.

[45] 侯喜程. 电磁辐射污染与监测综述[J]. 能源与节能，2011（3）：67-68，77.

[46] 杨文锋，刘颖，杨林，等. 核辐射屏蔽材料的研究进展[J]. 材料导报，2007，21（5）：4.

[47] 陈加涛. 辐射环境监测优化布点的特点探讨[J]. 低碳世界，2017（2）：28-29.

[48] 彭少麟，周凯，叶有华，等. 城市热岛效应研究进展[J]. 生态环境，2005，14（4）：6.

[49] 吴兑. 温室气体与温室效应[M]. 气象出版社，2003.

[50] 吴平. 全球气候治理的经验与启示[J]. 政策瞭望，2017（5）：50-51.

[51] 方伟. 基于生命周期评价的水力发电碳排放计算思路[J]. 山东工业技术，2017（17）：193.

[52] 郑颖. 城市能源消费 $CO_2$ 排放及其影响因素研究[J]. 环境保护科学，2019（5）：85-94.

[53] 文越. 气候变化巴黎大会开启全球气候治理新篇章[J]. 中国减灾，2016（1）：48-49.

[54] 窦博. 冰上丝绸之路与中俄共建北极蓝色经济通道[J]. 东北亚经济研究，2018，2（1）：10.

[55] 太阳能驱动 LED 成建筑节能新途径[J]. 资源与人居环境，2012（5）：55-55.

[56] 刘洁. 燃料电池研究进展及发展探析[J]. 节能技术，2010（4）：364-368.

[57] 郭敏晓. 全球碳捕捉、利用和封存技术的发展现状及相关政策[J]. 中国能源，2013（3）：39-42.

[58] 王润卓. 全球碳交易市场概况[J]. 节能与环保，2012（2）：60-62.

[59] 王梓晨，朱隆斌．零碳社区概念辨析[J]．城市建筑，2017（14）：4.

[60] 李爱贞．生态环境保护概论[M]．气象出版社，2001.

[61] 钟毅嘉．城市新区规划的四大导向——以澳大利亚新区建设经验为例[J]．建筑工程技术与设计，2015（28）：9-10.

[62] 陈雪敏．城市休闲绿道的规划设计初探[J]．城市建设理论研究（电子版），2013，000（18）：1-4.

[63] 韦正峥，向月皎，郭云，等．国内外新污染物环境管理政策分析与建议[J]．环境科学研究，2022，35（2）：9.

[64] 麦木提力图尔贡．环境内分泌干扰物研究进展[J]．饮食保健，2017（20）：386-387.

[65] 郑平，胡宝兰．厌氧氨氧化菌混培物生长及代谢动力学研究[J]．生物工程学报，2001，17（2）：6.

[66] 谭忠盛，陈雪莹，王秀英，等．城市地下综合管廊建设管理模式及关键技术[J]．隧道建设，2016，36（10）：13.

[67] 张学贤．浅谈现代绿色节能建筑设计要点[J]．建筑工程技术与设计，2016（27）：608-608.

[68] 须文胜．工程现场实施绿色施工的必要性分析[J]．城市建设理论研究（电子版），2012，000（36）：1-9.

[69] 陈敏鹏，李玉婷，代晶晶．气候变化对“一带一路”主要地区的影响及其适应技术需求[J]．西北大学学报：自然科学版，2021，51（4）：12.